国家级职业教育规划教材
全国职业院校环境保护与检测类专业新形态工作手册式教材
全国技工院校环境保护与检测类专业工学一体化教材

水质有机污染类别指标测定

主　编　包英华（北京市工业技师学院）
刘　影（北京市工业技师学院）
副主编　傅　健（广西工业技师学院）
史宗海（北京市工业技师学院）
编　者（以姓氏笔画为序）
马利婵（北京市工业技师学院）
孙佳玉（北京市城市管理高级技术学校）
轩书堂（北京市工业技师学院）
吴　云（北京市工业技师学院）
张潇予（海南省技师学院）
陆桂梅（广西工业技师学院）
陈　璐（北京市工业技师学院）
苗　菁（山东化工技师学院）
罗思宝（四川理工技师学院）
郭文清（北京市工业技师学院）
窦子璇（北京市工业技师学院）
薛晶晶（北京市工业技师学院）
技术指导专家
王　湛（北京工业大学）
范云慧（北京京创净源环境技术研究院有限公司）
主　审
李椿方（北京市工业技师学院）
甘中东（四川理工技师学院）
李玲琪（北京市工业技师学院）

中国劳动社会保障出版社

图书在版编目（CIP）数据

水质有机污染类别指标测定/包英华，刘影主编. -- 北京：中国劳动社会保障出版社，2023

全国技工院校环境保护与检测类专业工学一体化教材

ISBN 978-7-5167-5739-0

Ⅰ. ①水… Ⅱ. ①包…②刘… Ⅲ. ①有机污染物-水质指标-测定-技工学校-教材 Ⅳ. ①X52

中国版本图书馆 CIP 数据核字（2022）第 237936 号

中国劳动社会保障出版社出版发行

（北京市惠新东街 1 号　邮政编码：100029）

*

三河市华骏印务包装有限公司印刷装订　　新华书店经销

787 毫米×1092 毫米　16 开本　18.5 印张　340 千字

2023 年 2 月第 1 版　　2023 年 2 月第 1 次印刷

定价：37.00 元

营销中心电话：400-606-6496

出版社网址：http://www.class.com.cn

版权专有　　侵权必究

如有印装差错，请与本社联系调换：（010）81211666

我社将与版权执法机关配合，大力打击盗印、销售和使用盗版图书活动，敬请广大读者协助举报，经查实将给予举报者奖励。

举报电话：（010）64954652

前　言

为全面推进技工院校工学一体化人才培养模式改革，适应技工院校教学模式改革创新，同时为更好地适应技工院校环境保护与检测专业的教学要求，全面提升教学质量，人力资源社会保障部教材办公室组织有关学校的一线教师和行业、企业专家，在充分调研企业生产和学校教学情况、广泛听取教师意见的基础上，吸收和借鉴各地技工院校教学改革的成功经验，组织编写了本套全国技工院校环境保护与检测类专业工学一体化教材，包括：《水质有机污染类别指标测定》《环境监测样品无机离子指标分析》《化学实验室技术安全实务》《基础化学》《化学分析基础》《现代仪器分析技术》等。

本套教材以人力资源社会保障部公布的《环境保护与检测专业国家技能人才培养工学一体化课程标准（试用）》《环境保护与检测专业国家技能人才培养工学一体化课程设置方案（试用）》等为依据，涵盖相应国家职业技能标准的知识和技能要求。总体来看，本套教材具有以下特色：

第一，体现行业发展现状和趋势，彰显职业特色。教材编写过程中，努力做到以市场需求为导向，根据环境保护和检测行业的发展，合理选择教材内容，尽可能多地在教材中介绍环境保护和检测行业的新知识、新技术、新工艺和新设备，突出教材的先进性。同时，严格执行国家有关技术标准。

第二，突出职业教育特色，重视实践能力的培养。以职业能力为本位，根据环境保护和检测专业毕业生所从事职业的实际需要，适当调整专业知识的深度和难度，合理确定学生应具备的知识结构和能力结构，同时，进一步加强实践性教学的内容，以满足企业对技能型人才的要求。

第三，创新教材编写模式，激发学生学习兴趣。按照教学规律和学生的认知规律，合理安排教材内容，并注重利用图表、实物照片辅助讲解知识点和技能点，为学生营造生动、直观的学习环境。部分教材采用工作手册式、新型活页式，全流程体现产教融合、校企合作，实现理论知识与企业岗位标准、技能要求的高度融合。部分教材在印刷工艺上采用了四色印刷，增强了教材的表现力。

本套教材配有习题册和方便教师上课使用的多媒体电子课件等教学资源，可以通过技工教育网（https://jg.class.com.cn）下载。另外，在部分教材中针对教学重点和难点制作了演示视频、音频、微课等多媒体资源，学生可扫描二维码在线观看或收听相应内容。

本套教材的编写工作得到了北京、山东、四川、河南、广西、广东、江苏、海南等省（自治区）人力资源社会保障厅及有关学校的大力支持，教材编审人员做了大量的工作，在此我们表示诚挚的谢意。同时，恳切希望广大读者对教材提出宝贵的意见和建议。

人力资源社会保障部教材办公室

2023 年 1 月

内容简介

本教材是在人力资源社会保障部教材办公室的指导下，按照工学一体化培养模式，依据国家职业技能标准及技能人才培养标准，以综合职业能力培养为目标，将工作过程和学习过程融为一体，以培育德技并修、技艺精湛的技能劳动者和能工巧匠的人才为培养方式，基于《环境保护与检测专业国家技能人才培养工学一体化课程标准（试用）》编写的专业工学一体化教材。

本教材编写力求体现“学生中心、能力本位、工学一体”的职业教育理念，教材主要面向环境保护与检测行业，重在提高学生的综合职业能力，培养具有职业生涯发展基础的知识型、技能型、创新型高技能人才，以适应我国环境保护与检测事业发展的需求。

《水质有机污染类别指标测定》是环境保护与检测专业的一门专业核心课程。本教材知识、技能、素养体系的构建与该典型工作任务所对应职业岗位群的知识、技能、素养要求匹配，共包含四个学习任务，分别为：生活污水中化学需氧量的采集与测定、生活污水中阴离子表面活性剂的采集与测定、生活污水中动植物油类的采集与测定、工业废水中挥发酚的采集与测定。本教材的主要特点有：①坚持立德树人，围绕促进就业创业、服务行业企业、服务经济高质量发展，大力推进了工学一体化培养模式，促进了教学质量提升，实现了思想政治教育、知识传授、技能培养融合统一；②依据国家职业技能标准及技能人才培养标准，以满足企业实际工作任务为目标，突出专业性、针对性与技能性，努力实现教学过程与生产过程的零对接；③教材内容的组织形式以工作过程为主线，做到将专业理论知识、技术实践、素养培养相融合，使学生能力匹配岗位职责；④教材表现形式尽量做到新颖、活泼，语言表达力求精练、通俗、易于理解，以增强教材的趣味性与可读性，有利于提高学生自主学习的能力，培养其终身学习的习惯；⑤教材对接世界技能大赛水处理技术项目考核模块及评价标准，力求融合世赛精神与企业文化，培养学生具有精益求精的工匠精神。

本教材由北京市工业技师学院牵头，广西工业技师学院、海南省技师学院、北京市城市管理高级技术学校、山东化工技师学院、四川理工技师学院参与编写。其中，学习任务一由郭文清、张潇予、轩书堂编写；学习任务二由陈璐、窦子璇、孙佳玉编写；学习任务三由史宗海、薛晶晶、罗思宝编写；学习任务四由傅健、陆桂梅、吴云、苗菁编写；马利婵对教材进行了统稿及修订。

本教材内容丰富，职业教育特色鲜明，主要供环境保护与检测专业及相关专业理论与实践教学使用，也可作为环境保护与检测相关企业人员的培训教材使用。

在教材编写过程中，技术指导专家王湛、范云慧给予了大力支持与精心指导。同时也参阅了许多相关的文献与教材，借鉴了有关专家对职业教育教学改革的指导意见，在此表示衷心的感谢！

由于编者水平有限，时间仓促，书中疏漏和错误之处在所难免，恳请广大读者及同行专家提出宝贵意见，以便再版时修订提高。

《水质有机污染类别指标测定》编写组

2023 年 1 月

目 录

学习任务一

生活污水中化学需氧量的采集与测定

任务情景描述

水质污染会引起水质样品有机物综合指标的改变，水质化学需氧量（Chemical Oxygen Demand，缩写为 COD）越高说明水体受有机物的污染越严重。有毒的有机物进入水体不仅危害水体的生物（如鱼类），还可经过食物链的富集，最后进入人体，引起慢性中毒。通过生活污水化学需氧量的检测，可以判定生活污水是否达到排放标准，以便相关部门采取相应的保护、治理措施。为了监测我校生活区生活污水中的化学需氧量，受学校的委托，我校检测中心对其总排口污水进行采集，并对污水中化学需氧量进行检测，检毕后的样品按照规范进行处置。到样后，3 个工作日内进行检测，7 个工作日内提供检测报告。

承担本次任务的人员认真阅读任务单，查阅《污水监测技术规范》（HJ 91. 1—2019）、《污水综合排放标准》（GB 8978—1996）、《水质　样品的保存和管理技术规定》（HJ 493—2009）、《水质　采样技术指导》（HJ 494—2009）、《水质　化学需氧量的测定　重铬酸盐法》（HJ 828—2017）和其他资料文献，制订采样计划及检测计划，准备仪器、试剂，采集样品并对其进行检测，确认原始记录单，并对数据处理结果进行复核，依据复核后的原始记录编制检测报告，报告经审核、批准后，送达委托人。

学习环节及学时分配表

环节序号	学习环节	学时安排	备注
1	接受任务	4 学时	
2	制订计划	12 学时	
3	实施计划	40 学时	
4	验收交付	4 学时	
5	总结拓展	4 学时	
总计		64 学时	

学习环节一　接受任务

1. 能与客户进行礼貌沟通，准确提取客户提供的有效信息；
2. 能独立、准确填写委托单，书写工整；
3. 能够依据委托单，制定任务下达单；
4. 培养执着专注、精益求精、一丝不苟、追求卓越的工匠精神，礼貌待人的职业素养。

建议学时：4

1. 依据标准及相关资料，写出常见水质类别。

2. 本次任务需要检测的水质类别为____________________。

3. 根据本次任务的情景描述，提取关键信息并完成以下内容的填写。

（1）水质类别：____________________。

（2）采样位置：____________________。

（3）检测项目：____________________。

（4）输出成果及时间要求：____________________。

（5）所需标准：____________________

____

____

____。

4. 根据客户委托内容，独立填写委托单。

委托单

委托编号：GHJC-WT-2022-001

<table>
<tr><td colspan="6">委托单位名称：________________
委托单位地址：________________
委托单位联系人：　　　　　　联系电话：</td></tr>
<tr><td colspan="6">样品信息</td></tr>
<tr><td>样品名称</td><td colspan="2"></td><td>样品状态及描述</td><td colspan="2"></td></tr>
<tr><td>样品类别</td><td colspan="2"></td><td>样品数量</td><td colspan="2"></td></tr>
<tr><td>样品编号</td><td colspan="2"></td><td>储存条件</td><td colspan="2">□常温　□冷藏
□冷冻　□其他</td></tr>
<tr><td colspan="2">检测项目</td><td colspan="2">检测依据</td><td colspan="2">判定依据</td></tr>
<tr><td colspan="2"></td><td colspan="2"></td><td colspan="2"></td></tr>
<tr><td>检测周期
（特殊项目除外）</td><td colspan="5">□标准服务：到样后 7 个工作日，不另收费
□加急服务：到样后 5 个工作日，加收 50%加急费
□特急服务：到样后 3 个工作日，加收 100%加急费</td></tr>
<tr><td colspan="3">报告形式：
□检测报告　□数据报告单　□电子数据</td><td>报告份数：____份</td><td colspan="2">预计报告完成日期：</td></tr>
<tr><td colspan="6">注：2 份以上每份加收 30 元</td></tr>
<tr><td>报告发放方式</td><td colspan="5">□自取　□邮寄　□电子邮件</td></tr>
<tr><td>检测费用（元）</td><td colspan="5">检测费：____采样费：____加急费：____其他：________总计：________</td></tr>
<tr><td>发票信息</td><td colspan="5">□开票单位名称：________________
□增值税专用发票　□增值税普通发票　□先不开发票</td></tr>
<tr><td>支付方式</td><td colspan="5">□现款已付　□取报告付款　□银行汇款　□定期结算（协议客户）</td></tr>
<tr><td rowspan="2">备注</td><td colspan="5">□同意分包，项目：</td></tr>
<tr><td colspan="5">□送样　□采样</td></tr>
</table>

续表

<table>
<tr><td>委托方声明：我方同意此委托单双方约定条款，并承诺报告完成日期前支付检测费用。
委托方代表（签字/盖章）：　　　　　　　检测方代表（签字/盖章）：

日期：　　　　　　　　　　　　　　　　日期：</td></tr>
<tr><td>汇款信息
开户名称：×××检测技术有限公司
开户银行：交通银行×××支行
银行账号：110060980018800××××</td></tr>
<tr><td>检测方信息：
单位名称：×××检测技术有限公司
单位地址：北京市朝阳区化工路甲××号
联系电话：010-58440××</td></tr>
</table>

注：本委托书一式三份，甲方执一份，乙方执两份，甲方“委托方”和乙方“检测方”签字后协议生效。

5. 化学需氧量（Chemical Oxygen Demand，缩写为 COD）的定义是什么？

6. COD 可以用来评价水质污染情况，其主要来源是什么？

7. 作为衡量水中有机物含量多少的重要指标，COD 越高，表示水体受有机物的污染越严重，请问 COD 超标的水质有什么危害？

8. 你认为应该如何减少生活污水中 COD 的排放，保护水资源。

9. 本次检测任务中使用的标准为《水质　化学需氧量的测定　重铬酸盐法》（HJ 828—2017），请问检测化学需氧量的标准还有哪些，并将对应的检测方法、适用范围及检出限填入表 1-1-1。

表 1-1-1　　化学需氧量检测标准表

检测标准	检测方法	适用范围	检出限

10. 案例：淀粉工业废水中氨氮的检测标准梳理过程，如图 1-1-1 所示。

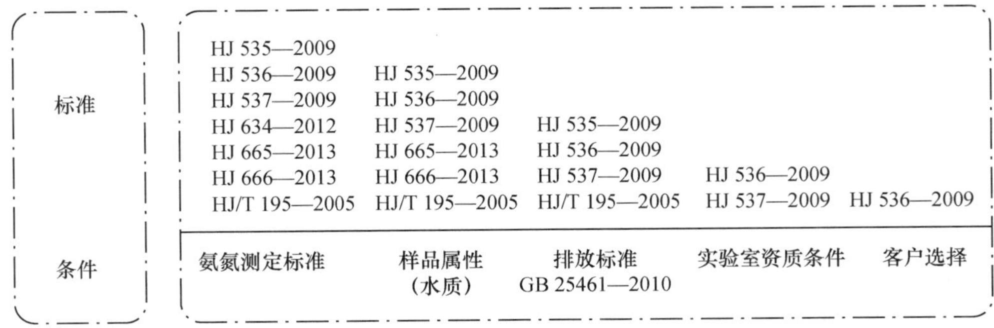

图 1-1-1　淀粉工业废水中氨氮的检测标准梳理过程图

（1）基于检测项目，查找到氨氮相关检测标准有《水质　氨氮的测定　纳氏试剂分光光度法》（HJ 535—2009）、《水质　氨氮的测定　水杨酸分光光度法》（HJ 536—2009）、《水质　氨氮的测定　蒸馏—中和滴定法》（HJ 537—2009）、《土壤　氨氮、亚硝酸盐氮、硝酸盐氮的测定　氯化钾溶液提取—分光光度法》（HJ 634—2012）、

《水质　氨氮的测定　连续流动—水杨酸分光光度法》（HJ 665—2013）、《水质　氨氮的测定　流动注射—水杨酸分光光度法》（HJ 666—2013）、《水质　氨氮的测定　气相分子吸收光谱法》（HJ/T 195—2005）等。

（2）基于所检测水质类别为工业废水，筛选适用本水质样品的检测标准有 HJ 535—2009、HJ 536—2009、HJ 537—2009、HJ 665—2013、HJ 666—2013、HJ/T 195—2005。

（3）结合排放标准《淀粉工业水污染物排放标准》（GB 25461—2010），筛选适用的检测标准有 HJ 535—2009、HJ 536—2009、HJ 537—2009、HJ/T 195—2005。

（4）结合实验室资质，筛选适用于本实验室的检测标准有 HJ 536—2009、HJ 537—2009。

（5）客户选择检测标准《水质　氨氮的测定　水杨酸分光光度法》（HJ 536—2009）。

请参考案例，描述选择《水质　化学需氧量的测定　重铬酸盐法》（HJ 828—2017）检测标准及方法的依据。

11. 为准确检测水样的化学需氧量，写出检测时需要的水样量及水样的储存方式。

12. 结合任务委托单，写出本次任务的标准服务、加急服务、特急服务的周期。

13. 请与同学组队，录制模拟接待客户的过程，并进行评价反思，参见表 1-1-2。

表 1-1-2 评价反思表

工作过程	评价指标	是/否	备注（解释说明）
接待客户来到业务室	能礼貌待人		
询问客户需求	能引导客户说出需求		
	能如实记录客户需求		
填写委托单	能与客户沟通，确认委托单位名称、委托单位地址、联系人、联系电话		
	能引导客户描述受检样品情况，并准确判断样品类别		
	能根据客户具体描述，给出建议的检测项目，并与客户确认		
	能依据检测项目，准确给出建议的检测标准，并与客户确认		
	能结合检测需求及检测标准给出判定要求，并与客户确认		
	能与客户沟通，确认采样时间；或能提示客户，如何正确采集及妥善保存样品		
	能与客户沟通，确认检测周期		
	能与客户沟通，确认需要检测报告份数及报告送达方式		
	能与客户沟通，确定检测费用，约定支付方式、发票信息等		
	能签订委托单		
送客户出门	能礼貌待人		

14. 依据委托单，完成采样任务下达单的填写，并下达至采样部门。

采样任务下达单

编号：GHJC-CYXD-2022-001

采样依据		检验项目	
采样地点			
采样时间		水质类别	
采水样量		现场检测项	
采样人			

参考性评价

学习环节	一级指标	二级指标	评价说明	配分	自评 ____%	互评 ____%	师评 ____%	评价指标
接受任务	水质类别选择	水质类别全面、准确	准确且齐全，不准或漏项每处扣1分，直至扣完	3				专业能力 信息获取能力
			水质类别填写正确	2				
	关键信息提取	关键信息提取准确，无漏项	准确且齐全，不准或漏项每处扣1分，直至扣完	5				
	委托单填写	信息填写准确、完整，字迹书写工整、清晰	不准或漏项每处扣1分，识别不出书写内容每处扣1分，直至扣完	20				综合职业能力
	COD相关知识书写	COD的定义、来源、超标危害书写正确，减少措施可行	COD定义提取准确	3				专业能力 思政元素
			COD来源概括全面，不准或漏项每处扣2分，直至扣完	4				
			COD超标的水质危害概括全面，不准或漏项每处扣3分，直至扣完	6				
			每提出一种合理有效的COD减少措施，得2分，最多得6分	6				

续表

学习环节	一级指标	二级指标	评价说明	配分	自评 ____%	互评 ____%	师评 ____%	评价指标
接受任务	检测标准选择	检测标准选择准确	列举一个检测标准得 0.5 分，正确写出对应检测方法再得 0.5 分，正确写出对应方法的适用范围及检出限各得 0.5 分，最多得 8 分	8				专业能力 思政元素
			总结出选择检测标准的依据，每正确提炼出一条得 2 分，最多得 8 分	8				
	水样量及储存方式选择	水样量及储存方式满足要求	水样量满足要求，得 3 分； 储存方式满足要求，得 3 分	6				
	服务周期书写	服务周期书写正确	服务周期书写正确，每个得 2 分	6				
	模拟接待客户	友善待人、礼貌接物，用规范语言进行有效沟通，对所获信息归纳总结	待人接物未体现礼仪修养，扣 2 分； 未能引导并记录客户需求，扣 2 分； 所获信息填写不准确每处扣 1 分，直至扣完	20				综合职业能力
	任务下达单书写	信息填写准确、完整，字迹书写工整、清晰	不准或漏项每处扣 0.5 分，识别不出书写内容每处扣 0.5 分，直至扣完	3				信息获取能力
合计				100				

请你根据上述评价表的得分情况，从职业道德、专业知识、技术技能等职业综合素质和行动能力方面进行评述，分析自己的优势和不足，并对不足之处提出改进措施。
备注：

学习环节二　制订计划

1. 能正确布控监测点位、选择采样方式、确定采样频次，保障样品具有代表性；
2. 能正确选择采样工具、样品容器、辅助用具、样品保存与运输方式，合理安排人员、时间及分工，制订完整的采样计划；
3. 能编制试剂材料清单和仪器设备清单，梳理检测流程，制订完整的检测计划。

建议学时：12

一、制订采样计划

1. 查阅《污水综合排放标准》（GB 8978—1996），选出属于第二类污染物的有（　　）。

A. 化学需氧量　　B. 六价铬　　C. 阴离子表面活性剂　　D. 总汞

E. 动植物油　　F. 挥发酚

2. 查阅《污水监测技术规范》（HJ 91. 1—2019），写出污染物排放监测点位的设置规则。

3. 查阅《污水监测技术规范》（HJ 91. 1—2019），写出污水采样频次要求。

4. 查阅《污水监测技术规范》（HJ 91.1—2019），标准规定的采样方式有______和________。

5. 小组讨论，写出本次任务监测点位、采样方式及采样频次。

6. 查阅《水质　采样技术指导》（HJ 494—2009），写出选择采样工具应满足的要求。

7. 查阅《水质　采样技术指导》（HJ 494—2009），写出瞬时采样中采集表层样品时，应选择什么采样工具？

8. 查阅《水质　采样技术指导》（HJ 494—2009），若只需要了解水体某一垂直断面的平均水质，应选择什么采样工具？

9. 查阅《水质　采样技术指导》（HJ 494—2009），若选定深度定点采样，应选择什么采样工具？

10. 查阅资料，在表 1-2-1 中写出本次任务使用的采样工具名称、材质等信息。

表 1-2-1　　　　　　　　　　采样工具表

序号	名称	材质	备注

11. 查阅《水质　采样指导技术》（HJ 494—2009），写出常见样品容器的种类及适用范围。

12. COD 水样的采集需要选择________材质、________体积的样品容器。

13. 参照《污水监测技术规范》（HJ 91. 1—2019），详细描述采集样品的步骤。

14. 采样时加入固定剂的作用是什么？

15. COD 水样的采集中，应加入何种固定剂？

16. 水质检测中，样品及时保存的目的是什么？

17. 查阅《水质　样品的保存和管理技术规定》（HJ 493—2009）及《污水监测技术规范》（HJ 91. 1—2019），描述 COD 水样的保存与运输方式。

18. 请制订采样计划，填写表 1-2-2。

表 1-2-2　　采样计划表

<table>
<tr><td colspan="4">采样计划表</td></tr>
<tr><td>采样时间</td><td colspan="3"></td></tr>
<tr><td>采样人员</td><td></td><td>辅助人员</td><td></td></tr>
<tr><td>采样地点</td><td>水质类别</td><td colspan="2">监测因子</td></tr>
<tr><td></td><td></td><td colspan="2"></td></tr>
<tr><td></td><td></td><td colspan="2"></td></tr>
<tr><td></td><td></td><td colspan="2"></td></tr>
<tr><td colspan="4">采样物品清单（设备、试剂、辅助用具）</td></tr>
<tr><td>序号</td><td>物品名称</td><td>数量</td><td>备注</td></tr>
<tr><td></td><td></td><td></td><td></td></tr>
<tr><td></td><td></td><td></td><td></td></tr>
<tr><td></td><td></td><td></td><td></td></tr>
<tr><td></td><td></td><td></td><td></td></tr>
<tr><td></td><td></td><td></td><td></td></tr>
<tr><td></td><td></td><td></td><td></td></tr>
<tr><td></td><td></td><td></td><td></td></tr>
<tr><td></td><td></td><td></td><td></td></tr>
<tr><td></td><td></td><td></td><td></td></tr>
<tr><td></td><td></td><td></td><td></td></tr>
<tr><td></td><td></td><td></td><td></td></tr>
<tr><td></td><td></td><td></td><td></td></tr>
<tr><td></td><td></td><td></td><td></td></tr>
<tr><td></td><td></td><td></td><td></td></tr>
<tr><td></td><td></td><td></td><td></td></tr>
<tr><td></td><td></td><td></td><td></td></tr>
<tr><td></td><td></td><td></td><td></td></tr>
<tr><td></td><td></td><td></td><td></td></tr>
<tr><td></td><td></td><td></td><td></td></tr>
</table>

制表人：　　　　　　　　　　审核人：

二、制订检测计划

梳理与分析《水质　化学需氧量的测定　重铬酸盐法》（HJ 828—2017）标准，完成下列题目，并制订检测计划。

1. 请阅读标准，列出检测过程中所需要使用的试剂与材料，填写表1-2-3。

表1-2-3　试剂与材料清单

序号	名称	规格	是否需要配制

2. 在上述试剂与材料清单中，部分试剂需要配制，应如何配制？填写表1-2-4。

表1-2-4　试剂配制清单

序号	名称	浓度	配制量	配制方法

3. 阅读标准，请列举检测过程中需要的仪器设备，填写表1-2-5。

表1-2-5　仪器设备清单

序号	名称	规格/型号	数量	用途

4. 请制订检测计划，填写表 1-2-6。

表 1-2-6 检测计划表

<table>
<tr><td colspan="5">检测计划表</td></tr>
<tr><td>检测完成日期</td><td colspan="4"></td></tr>
<tr><td>样品编号</td><td colspan="2">检测项目</td><td colspan="2">检测依据</td></tr>
<tr><td></td><td colspan="2"></td><td colspan="2"></td></tr>
<tr><td></td><td colspan="2"></td><td colspan="2"></td></tr>
<tr><td></td><td colspan="2"></td><td colspan="2"></td></tr>
<tr><td colspan="5">检测物品清单（试剂与材料、仪器设备等）</td></tr>
<tr><td>序号</td><td>物品</td><td>数量</td><td colspan="2">备注</td></tr>
<tr><td></td><td></td><td></td><td colspan="2"></td></tr>
<tr><td></td><td></td><td></td><td colspan="2"></td></tr>
<tr><td></td><td></td><td></td><td colspan="2"></td></tr>
<tr><td></td><td></td><td></td><td colspan="2"></td></tr>
<tr><td></td><td></td><td></td><td colspan="2"></td></tr>
<tr><td></td><td></td><td></td><td colspan="2"></td></tr>
<tr><td></td><td></td><td></td><td colspan="2"></td></tr>
<tr><td></td><td></td><td></td><td colspan="2"></td></tr>
<tr><td rowspan="2">主要步骤</td><td colspan="3">工作描述</td><td>工作时长</td></tr>
<tr><td colspan="3"></td><td></td></tr>
</table>

制表人：　　　　　　　　　　　　审核人：

参考性评价

学习环节	一级指标	二级指标	评价说明	配分	自评 ___%	互评 ___%	师评 ___%	评价指标
制订计划	第二类污染物选择	第二类污染物选择正确	第二类污染物选择正确	2				专业能力 职业素养
	监测点位布控	监测点位布控正确、采样频次及方式选择正确	监测点位设置规则提取准确，每准确提取一条得 0.5 分	2				
			采样频次要求提取准确	4				
			采样方式填写正确，每处 1 分	2				
			监测点位布控、采样方式及采样频次符合标准要求，各 2 分	6				
	采样工具选择	采样工具选择正确	选择采样工具应满足的要求提取准确，不准或漏项每处扣 0.5 分，直至扣完	2				
			瞬时采样采集表层样品，采样工具选择正确，不准或漏项每处扣 0.5 分，直至扣完	1				
			垂直断面平均水质采样，采样工具选择正确	1				
			选定深度定点采样，采样工具选择正确	1				
			采样工具名称、材质填写正确，不准或漏项每处扣 0.5 分，直至扣完	1				

续表

学习环节	一级指标	二级指标	评价说明	配分	自评 ___%	互评 ___%	师评 ___%	评价指标
制订计划	样品容器选择	样品容器选择正确	样品容器的种类及适用范围书写正确，不准或漏项每处扣1分，直至扣完	5				专业能力 职业素养
			COD水样的采集样品容器材质、体积填写正确，每处1分	2				
	采集样品步骤书写	采集样品步骤符合标准要求	内容不准或漏项每处扣1分，顺序错误每处扣2分，直至扣完	7				
	固定剂选用	固定剂选用准确	固定剂的作用书写正确	1				
			固定剂选择准确	2				
	水样保存及运输方式书写	COD水样的保存与运输方式符合标准要求	样品及时保存的目的书写正确	2				
			内容不准或漏项每处扣2分，顺序错误每处扣2分，直至扣完	6				
	采样计划表书写	采样计划制订规范合理，满足任务需求	人员安排及分工合理，得2分； 采样路线设计合理，得2分； 水质类别及监测因子书写正确，每项1分，共2分； 采样物品清单罗列完整、正确，共7分，不准或漏项每处扣1分； 识别不出书写内容，每处扣1分	13				综合职业能力

续表

学习环节	一级指标	二级指标	评价说明	配分	自评 ____%	互评 ____%	师评 ____%	评价指标
制订计划	试剂与材料、仪器设备清单书写	试剂与材料清单	试剂、材料清单列举正确齐全，不准、漏项或多项每处扣1分	5				专业能力 职业素养
			试剂配制种类齐全，配制方法正确，不准或漏项每处扣1分，直至扣完	7				
		仪器设备清单	仪器设备清单列举正确齐全，不准或漏项每处扣2分，直至扣完	8				
	检测计划表书写	检测计划制订规范合理，满足任务需求	检测项目、检测依据填写正确，每项1分，共2分； 检测物品清单罗列完整、正确，内容不准或漏项每处扣0.5分，共3分； 检测步骤共10分，内容不准或漏项每处扣1分，顺序错误每处扣2分； 回流消解时间书写正确，得5分	20				综合职业能力
合计				100				

请你根据上述评价表的得分情况，从职业道德、专业知识、技术技能等职业综合素质和行动能力方面进行评述，分析自己的优势和不足，并对不足之处提出改进措施。

备注：

学习环节三　实施计划

1. 能团队合作规范完成样品采集、保存和运输；
2. 能安全使用硫酸、重铬酸钾、硫酸汞等危险化学品；
3. 能熟练使用 COD 消解器完成样品前处理；
4. 能按照《水质　化学需氧量的测定　重铬酸盐法》（HJ 828—2017），安全规范地完成生活污水中 COD 值的检测；
5. 能按照修约法则对检测结果进行计算与修约；
6. 能严格执行“6S”管理规定，并按《中华人民共和国环境保护法》和《中华人民共和国固体废物污染环境防治法》处理废物；
7. 培养精益求精的工匠精神，提升安全环保意识等职业素养。

建议学时：40

一、采集样品

1. 关于质量分数 98% 的硫酸（危险化学品）领用规定，下列说法错误的是（　　）。

A. 质量分数 98%的硫酸实行“双人验收、双人保管、双人发放”的管理制度

B. 质量分数 98%的硫酸的发放应由专人负责，并根据实际需要的最低数量领取

C. 领用时需进行领用登记，包括名称、规格、出库与回库日期、领用人与签发人签字、出库数量与回库数量等信息

D. 若领用后剩余不多，可由领用人保留，下次继续使用，更为方便

2. 领取质量分数 98%的硫酸（危险化学品），填写危险化学品领用登记表 1-3-1。

3. 依据采样计划及《水质　采样技术指导》（HJ 494—2009），领取采样物品，填写表 1-3-2。

表 1-3-1　　　　　　　　危险化学品领用登记表

试剂名称					试剂规格				
出库日期	出库数量	领用人		回库日期	回库数量	使用量	签发人		备注

表 1-3-2　　　　　　　　采样物品表

序号	名称	数量	作用	是否已有	备注

4. 依据《水质　样品的保存和管理技术规定》（HJ 493—2009），参考《水质　化学需氧量的测定　重铬酸盐法》（HJ 828—2017）要求，写出本次任务所用样品容器和采样工具的洗涤方法，并进行洗涤。

5. 观察图 1-3-1，判断样品容器是否已洗涤干净。举例说明采样工具及样品容器未洗涤干净对检测结果有何影响？

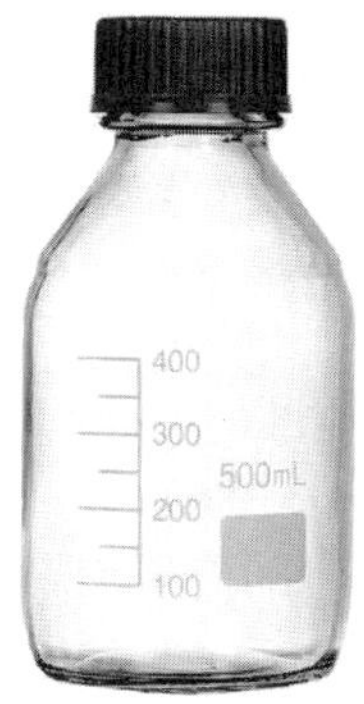

图 1-3-1 样品容器

6. 依据采样计划，规范完成污水 COD 样品的采集，并回答以下问题。

（1）写出采集现场平行样品的操作步骤。

（2）关于全程序空白样品，下列说法错误的是（　　）。

A. 空白检测值一般应低于方法检出限

B. 如分析方法中未明确，每批次水样均应采集全程序空白样品

C. 水样运输回来后，迅速做全程序空白样品

D. 全程序空白样品与水样一起送实验室分析

（3）采样过程中，为什么要对风向进行考虑，并要求站在上风口进行采样？

（4）采样过程中，对水体温度进行记录的原因是什么？

（5）请写出采集水样期间控制污染的措施。

7. COD水样采集完成后，在水样中加入固定剂浓硫酸（质量分数98%），并回答以下问题：

（1）根据以往的学习经历以及实践操作经验，查阅硫酸的化学品安全技术说明书（SDS），写出其危险性、急救措施、泄漏处置措施及使用注意事项。

（2）小组讨论，总结加入固定剂浓硫酸的操作要点。

（3）本任务中固定剂浓硫酸的加入量是多少？

8. 查阅《水质　样品的保存和管理技术规定》（HJ 493—2009），写出水样标签的填写与粘贴要求。

9. 请规范填写与粘贴样品标签。

样品标签	
采样目的：________________	
样品编号：________	监测点数目：________
采样位置：________	采样时间：________
采样人员：________	固定剂的加入量：________
危险特性：________	
备注：________	
样品状态： 待检□ 在检□ 已检□ 留样□	

10. COD 水样采集后，一般需要从透明度、颜色、气味等方面描述水质样品性状，请说明这 3 个物理性状的意义及程度描述词。

11. 关于原始记录单，下列说法错误的是（　　）。

A. 原始记录单应有统一编号，个人不得擅自销毁或损坏，用毕按期归档保存

B. 原始记录应及时记录，不得以回忆方式填写或转誊

C. 纸质原始记录使用墨水笔或中性笔书写，应做到字迹端正、清晰。如原始记录上数据有误需要改正时，应在错误的数据上划以斜线，再将正确数字补写在其上方，并在右下方签名（或盖章）。不得在原始记录上涂改或撕页

D. 为避免原始记录单被试剂污染，可以暂时将数据记录于实验记录本上，待检测完毕，再誊抄于原始记录单，可保证卷面整洁

E. 原始记录不能在非监测场合随身携带，复制版可以携带

12. 请规范填写采样原始记录单。

采样原始记录单

编号：GHJC-CYJL-2022-001

<table>
<tr><td>委托单位名称</td><td colspan="2"></td><td colspan="2">水质类别</td><td></td><td colspan="3">采样日期</td><td></td></tr>
<tr><td>环境湿度（%）</td><td colspan="2"></td><td colspan="2">大气压（Pa）</td><td></td><td colspan="3">环境温度（℃）</td><td></td></tr>
<tr><td>采样方法</td><td colspan="9">□《污水监测技术规范》（HJ 91.1—2019） □《地表水和污水监测技术规范》（HJ/T 91—2002）
□《地下水环境监测技术规范》（HJ 164—2020） □《医疗机构水污染物排放标准》（GB 18466—2005）</td></tr>
<tr><td rowspan="2">采样点位置
环境描述</td><td rowspan="2">采样时间</td><td rowspan="2">采样点深度
（m）</td><td rowspan="2">采样点水温
（℃）</td><td rowspan="2">采样体积
（L）</td><td rowspan="2">分析项目</td><td colspan="3">水质物理性状</td><td rowspan="2">样品编号</td></tr>
<tr><td>透明度</td><td>颜色</td><td>气味</td></tr>
<tr><td></td><td></td><td></td><td></td><td></td><td></td><td></td><td></td><td></td><td></td></tr>
<tr><td></td><td></td><td></td><td></td><td></td><td></td><td></td><td></td><td></td><td></td></tr>
<tr><td></td><td></td><td></td><td></td><td></td><td></td><td></td><td></td><td></td><td></td></tr>
<tr><td></td><td></td><td></td><td></td><td></td><td></td><td></td><td></td><td></td><td></td></tr>
<tr><td></td><td></td><td></td><td></td><td></td><td></td><td></td><td></td><td></td><td></td></tr>
<tr><td></td><td></td><td></td><td></td><td></td><td></td><td></td><td></td><td></td><td></td></tr>
</table>

采样人： 复核人： 受检方签字：

13. 样品采集过程中，需进行拍摄记录，对拍摄点位有何要求？

14. 拍摄的目的是什么，谈谈你的看法？（法律意识）

15. 采样过程中产生的废物有哪些？应如何处理？填写表 1-3-3。

表 1-3-3　　废物处理表

序号	废物名称	废物的处理方式	如果处理不当会产生的危害
1			
2			
3			
4			
5			
6			

16. 依据采样计划，完成 COD 水样的保存与运输，并进行评价，参照表 1-3-4。

表 1-3-4　　水样的保存与运输评价表

序号	评价指标	是/否	备注
1	如不能立即分析时，应加入硫酸至 pH<2，置于 4 ℃下保存，保存时间不超过 5 天；30 天以上检测的水样在-20 ℃保存		
2	水样运输前将容器的外（内）盖盖紧		
3	同一采样点的样品装在同一包装箱内		
4	分装在多个箱子中时，在每个箱内放入相同的现场采样记录表		
5	装箱时用泡沫塑料等分隔		
6	运输时注意防震、避免日光照射		
7	有防止新的污染物进入容器和沾污瓶口的意识		

17. 污水样品已采集好并运输回来，现在需要将其与样品室进行交接。采样人员需要将________、________、________和________等交给样品室，收样人员进行确认，同时填写________单。

请两人一组，完成交接过程。

18. 请填写样品交接单并回答相关问题。

样品交接单

序号	委托编号	样品编号	样品类别	收样日期	样品检查			交样人	接收人	样品留存	处置日期	处置人
					时效性	完整性	保存条件					
1										□是 □否		
2										□是 □否		
3										□是 □否		
4										□是 □否		
5										□是 □否		
6										□是 □否		
7										□是 □否		
8										□是 □否		
9										□是 □否		
10										□是 □否		
11										□是 □否		
12										□是 □否		
13										□是 □否		

（1）除交接样品外，请填写采样物品交接表 1-3-5。

表 1-3-5　　　　采样物品交接表

序号	名称	是否需要交接	备注

（2）根据危险化学品使用管理（归还）规定，关于采样时所领用硫酸的归还，说法正确的是（　　）。

A. 如明日采样需要继续使用，可暂不归还，省去领用麻烦

B. 可先暂存，等有时间了再交还试剂仓库

C. 若有剩余，必须当日归还危险化学品库房，并登记

D. 自行放到危险化学品库房

（3）样品流转至检测人员之前，流转人员再次确认样品的________、________以及样品性状（________、________、________）等是否与采样原始记录单一致。

19. 核对样品编号、数量、状态，填写检测任务下达单。

检测任务下达单

编号：GHJC-JCXD-2022-001

样品名称		样品数量		样品来源	□采样 □送样
采/送样日期		样品交接人		样品存放状态	□室温 □冷藏 □冷冻
接样日期		任务下达时间		任务完成时间	
检测项目分配					
样品编号	样品描述	理化	无机	有机	微生物
		□色度 □浑浊度 □气味 □pH □总硬度	□铜 □铅 □锰 □铁 □氯化物 □硫酸盐	□化学需氧量 □阴离子表面活性剂 □动植物油 □挥发酚 □总需氧量 □亚硝酸盐氮 □硝酸盐氮 □氨氮	□菌落总数 □大肠杆菌 □耐热大肠菌群 □总大肠菌群
		接收人	接收人	接收人	接收人

二、检测样品

检测样品过程为检测任务的核心环节，需要严格遵守操作规程，规范进行检测。检测过程中，要认真严谨，做好安全防护，并及时记录数据。

1. 硫酸汞的化学式为________，分子量为________，外观为________。

查阅硫酸汞 SDS，归纳其危险性、急救措施、泄漏处置措施、使用注意事项。

（1）危险性。

（2）急救措施。

（3）泄漏处置措施。

（4）使用注意事项。

2. 领取硫酸汞，填写危险化学品领用登记表，见表 1-3-6。

表 1-3-6　　　　危险化学品领用登记表

<table>
<tr><th colspan="2">试剂名称</th><td colspan="3"></td><th colspan="2">试剂规格</th><td colspan="3"></td></tr>
<tr><th>出库日期</th><th>出库数量</th><th colspan="2">领用人</th><th>回库日期</th><th>回库数量</th><th>使用量</th><th colspan="2">签发人签字</th><th>备注</th></tr>
<tr><td></td><td></td><td></td><td></td><td></td><td></td><td></td><td></td><td></td><td></td></tr>
<tr><td></td><td></td><td></td><td></td><td></td><td></td><td></td><td></td><td></td><td></td></tr>
</table>

3. 重铬酸钾的化学式为________，相对分子质量为________，外观为________。查阅重铬酸钾 SDS，归纳其危险性、急救措施、泄漏处置措施、使用注意事项。

（1）危险性。

（2）急救措施。

（3）泄漏处置措施。

（4）使用注意事项。

4. 阅读标准溶液的相关内容，按照《水质　化学需氧量的测定　重铬酸盐法》（HJ 828—2017）要求，规范完成试剂配制，回答以下问题。

（1）什么是标准溶液？

（2）什么是基准试剂？

（3）基准试剂需满足哪些要求？

（4）标准滴定溶液的配制有哪几种方法？并详细说明。

（5）标准滴定溶液标定合格的标准是什么？

5. 配制试剂过程中，记录原始数据，填写表 1-3-7。

表 1-3-7　　试剂配制原始数据记录

序号	名称	是否标准溶液	浓度	原始数据记录（m、V）
1				$m=$ $V=$
2				$V_{浓}=$ $V_{水}=$
3				$m=$ $V=$
4				$V_{浓}=$ $V_{水}=$
5				$m=$ $V=$
6				$m=$ $V=$
7				$m=$ $V=$

在配制上述试剂后，查阅资料，回答以下问题。

（1）硫酸银—硫酸溶液配制后，需要放置________天，请解释原因。

（2）为什么本任务用硫酸亚铁铵溶液作为标准滴定溶液，而不用硫酸亚铁溶液？

6. 试剂配制完成后，对两种浓度的硫酸亚铁铵标准滴定溶液进行标定。

（1）查看图 1-3-2，完成填空。

图 1-3-2　标定过程颜色变化图（从左至右）

标定过程中，当溶液的颜色由________色变到________色，________秒内不褪色即达终点。

（2）请完成单人四平行、双人八平行标定，记录并处理数据，填写表 1-3-8、表 1-3-9。

表 1-3-8　0.05 mol/L 硫酸亚铁铵标准滴定溶液标定数据记录

滴定次数	1	2	3	4
重铬酸钾标准溶液的浓度				
消耗滴定液的体积				
硫酸亚铁铵的浓度				
硫酸亚铁铵浓度的平均值				
极差				
四平行相对极差（%）				
双人八平行相对极差（%）				

表 1-3-9　0.005 mol/L 硫酸亚铁铵标准滴定溶液标定数据记录

滴定次数	1	2	3	4
重铬酸钾标准溶液的浓度				
消耗滴定液的体积				
硫酸亚铁铵的浓度				
硫酸亚铁铵浓度的平均值				
极差				
四平行相对极差（%）				
双人八平行相对极差（%）				

（3）由于硫酸亚铁铵标准滴定溶液见光易变质，每日临用前，必须用________标准溶液准确标定硫酸亚铁铵溶液的浓度，标定时应做________。

（4）本次检测中，重铬酸钾溶液的作用是什么？

（5）填空完成硫酸亚铁铵与重铬酸钾的反应方程式。

$$\_\_ Fe(NH_4)_2(SO_4)_2 + \_\_ K_2Cr_2O_7 + \frac{7}{6}H_2SO_4 = \frac{1}{2}Fe_2(SO_4)_3 + \frac{1}{6}Cr_2(SO_4)_3 + \frac{1}{6}K_2SO_4 + (NH_4)_2SO_4 + \frac{7}{6}H_2O$$

（6）检测过程为什么选用返滴定方式？

7. 查阅资料，回答下列问题，并确认 COD 消解器状态。

（1）如图 1-3-3 所示，COD 消解器由哪些部分组成？

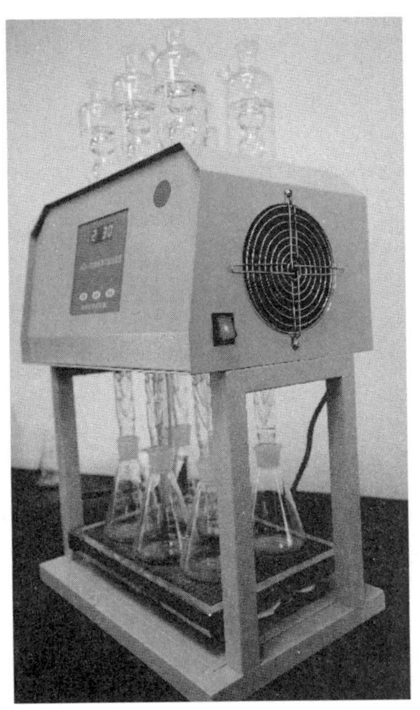

图 1-3-3 COD 消解器装置图

（2）基于本检测任务的要求，在 COD 消解器使用前，如何进行装置状态确认？

（3）写出 COD 消解器的操作步骤。

8. 回答以下问题，并粗判 COD 水样中氯离子含量。

（1）水样中氯化物对 COD 的检测有什么影响？

（2）写出水样中氯离子含量粗判方法。

（3）简述水样中氯离子消除的原理及方法。

（4）请查阅资料，硫酸汞是否能完全掩蔽水样中的氯离子，并解释说明。

9. 回答以下问题。完成水样 COD 浓度预判，并确定高浓度水样稀释倍数。

（1）写出预判水样 COD 浓度的常用方法。

（2）浓度特别高的水样需要稀释后才可以检测，如何确定稀释倍数？

（3）此方法与不同价态的铬离子颜色有关，查阅资料，小组讨论，解释确定稀释倍数的原理。

10. 依据《水质　化学需氧量的测定　重铬酸盐法》（HJ 828—2017），规范完成取样及试剂加入，并回答以下问题。

（1）污水 COD 检测中，空白试验的意义是什么？如何设置其数量？

（2）每批样品应做________的平行样。若样品数少于 10 个，应至少做________个平行样。平行样的相对偏差不超过________。

（3）污水 COD 检测中，质控样的意义是什么？如何设置其数量？

（4）取样后，要求在锥形瓶中加入几颗防暴沸玻璃珠，这样做的目的是什么？应该如何正确放置防暴沸玻璃珠？

11. 总结如何安全正确地加入硫酸银—硫酸溶液？

12. 依据《水质　化学需氧量的测定　重铬酸盐法》（HJ 828—2017），规范完成 COD 水样的消解回流，消解过程中，回答以下问题。

（1）加入硫酸银—硫酸溶液的目的是什么？若未加入或加入量不足，会对检测结果有何影响？

（2）为何要从冷凝管上端加入硫酸银—硫酸溶液？

（3）请简要描述溶液的微沸状态。

（4）消解回流过程中，为什么要保持微沸状态一段时间？

（5）消解回流冷却后，自冷凝管上端加入 45 mL 水冲洗冷凝管，写出操作注意事项。

13. 查阅《水质　化学需氧量的测定　重铬酸盐法》（HJ 828—2017）及相关资料，回答以下问题，正确进行检测结果的计算与修约。

（1）化学需氧量的质量浓度（mg/L）计算公式如下，关于式中“8000”的来源，完成以下填空：

$$\rho = \frac{C \times (V_0 - V_1) \times 8\,000}{V_2} \times f$$

重铬酸钾与硫酸亚铁铵的化学反应中，1 mol 硫酸亚铁铵消耗____ mol $\frac{1}{6}K_2Cr_2O_7$，等同于消耗____ mol $\frac{1}{4}O_2$，$\frac{1}{4}O_2$ 对应摩尔质量____ g/mol，换算为____ mg/mol。

（2）当 COD 检测结果小于 100 mg/L 时保留至____位有效数字；当检测结果大于或等于 100 mg/L 时，保留____位有效数字。

（3）讨论如何判断 COD 质控样测试结果是否合格？若不合格，如何处理？

14. 请规范填写化学需氧量检测原始记录单。

化学需氧量检测原始记录单

编号：GHJC-JCJL-2022-001

检测日期		样品类别		监测点位		环境温湿度	____℃____%

<table>
<tr><td rowspan="2">检测依据</td><td rowspan="2" colspan="2"></td><td rowspan="5"></td><td>基准物质的量（g）</td><td>定容体积（mL）</td><td>标准溶液浓度 C_1（mol/L）</td><td rowspan="5">标准滴定溶液标定</td><td>标准溶液体积（mL）</td><td>标定体积 $V_{标}$（mL）</td><td>标定浓度 C（mol/L）</td><td>平均浓度 $C_{均}$（mol/L）</td></tr>
<tr><td rowspan="2"></td><td rowspan="2"></td><td rowspan="2"></td><td></td><td></td><td></td><td rowspan="2"></td></tr>
<tr><td>主要仪器设备（型号/编号）</td><td colspan="2">滴定管________
其他________</td><td></td><td></td><td></td></tr>
<tr><td rowspan="2">空白 V_0（mL）</td><td>V_{01} =</td><td rowspan="2">V_0 =</td><td rowspan="2" colspan="3">计算：</td><td rowspan="2" colspan="4">计算：</td></tr>
<tr><td>V_{02} =</td></tr>
<tr><td>主要实验过程</td><td colspan="11"></td></tr>
</table>

序号	样品编号	稀释倍数 f	取样体积 V（mL）	滴定起始刻度（mL）	滴定终止刻度（mL）	消耗体积 $V_{消}$（mL）	结果 ρ（mg/L）	平均值（mg/L）

计算公式		备注	

检测员：　　　　　　　　校核人：

15. 依据《中华人民共和国环境保护法》和《中华人民共和国固体废物污染环境防治法》，规范进行废物处理，并填写表 1-3-10。

表 1-3-10 废物处理表

序号	废物名称	废物的处理方式	如果处理不当会产生哪些危害
1			
2			
3			
4			
5			
6			

参考性评价

学习环节	一级指标	二级指标	评价说明	配分	自评 ____%	互评 ____%	师评 ____%	评价指标
实施计划	采样物品准备	硫酸领取程序规范	质量分数 98% 的硫酸领用规定选择正确	1				专业能力 岗位责任意识 安全意识
			硫酸领取程序规范，得 2 分； 危险化学品领用登记表填写完整、准确，得 2 分，不准或漏项每处扣 0.5 分，直至扣完	4				
		采样物品准备齐全	采样工具及辅助用具领取齐全，得 2 分，每少一个扣 0.5 分，直至扣完； 采样工具及辅助用具状态确认良好，能够满足使用，得 2 分，每错判一个扣 0.5 分，直至扣完	4				
			样品容器和采样工具的洗涤方法书写正确，得 1 分； 样品容器和采样工具清洗满足使用要求，得 1 分	2				
			样品容器是否已洗涤干净判断正确，得 1 分； 正确举例说明对测定结果的影响，得 1 分	2				

续表

学习环节	一级指标	二级指标	评价说明	配分	自评 ____%	互评 ____%	师评 ____%	评价指标
实施计划	样品采集	样品采集符合标准要求	在上风口采样，得1分； 现场平行样品采集符合采样要求，得1分； 全程序空白试验采集符合采样要求，得1分； 控制水样污染措施正确，得1分； 关键点拍摄记录，得1分； 废物处理符合国家标准要求，得1分	6				专业能力 团队合作能力 安全意识
			采集现场平行样品操作步骤正确，不准或漏项每处扣1分，顺序错误每处扣2分，直至扣完	4				
			全程序空白试验选择正确	1				
			采样过程风向考虑原因解释正确，得1分； 上风口采样原因解释正确，得1分	2				
			水体温度记录原因解释正确	1				
			采集水样期间控制污染的措施提取正确，每条得1分，最多得4分	4				

续表

学习环节	一级指标	二级指标	评价说明	配分	自评 ___%	互评 ___%	师评 ___%	评价指标
实施计划	固定剂加入	固定剂加入正确	固定剂加入量正确，无撒漏，得2分； 安全防护到位，得2分，若未进行安全防护，本条目不得分	4				专业能力 团队合作能力 安全意识
			浓硫酸的危险性、急救措施、泄漏处置措施、使用注意事项书写正确，每项得1分	4				
			加入固定剂浓硫酸的操作要点总结全面	3				
			固定剂浓硫酸的加入量书写正确	1				
			废物处理符合国家标准要求	1				
	水样标签填写与粘贴	水样标签填写与粘贴正确	水样标签填写与粘贴要求描述准确	2				
			水样标签内容填写准确，不准或漏项每处扣0.5分，直至扣完	3				
	物理性状描述	物理性状描述正确	水样透明度、颜色、气味物理性状的意义及程度描述正确，每正确一个得1分	3				专业知识

续表

学习环节	一级指标	二级指标	评价说明	配分	自评 ___%	互评 ___%	师评 ___%	评价指标
实施计划	采样原始记录单填写	采样原始记录单填写内容准确、规范	原始记录单说法选择正确	2				综合职业能力 安全意识 环保意识
			委托单位、水源种类、采样日期、环境湿度、大气压、环境温度、生产工况、排放去向、消毒方式填写正确，得3分，不准或漏项每处扣0.5分，直至扣完； 采样方法选择正确，得2分； 采样点深度、采样点水温、采样体积填写准确，得1.5分，不准或漏项每处扣0.5分，直至扣完； 水质物理性状描述准确，得1.5分，不准或漏项每处扣0.5分，直至扣完； 记录单填写规范，得2分，有涂改、划痕每处扣1分，直至扣完	10				
	拍摄点位选择	拍摄点位选择正确	样品采集过程中对拍摄点位的要求书写正确	1				
			具有法律意识，能合理描述拍摄目的	1				
	废物处理	废物处理方式正确	采样过程中废物处理方式及不处理的危害书写正确，如有任一漏项或不准，本条目不得分	5				

续表

学习环节	一级指标	二级指标	评价说明	配分	自评 ___%	互评 ___%	师评 ___%	评价指标
实施计划	水样保存与运输	COD 水样的保存与运输符合任务要求	按照采样计划进行保存与运输，未做到一条扣 1 分，直至扣完	7				岗位责任意识 沟通表达能力
			样品交接内容填写正确，不准或漏项每处扣 0.5 分，直至扣完	2				
	样品流转	样品交接符合标准要求	水样核对准确，得 3 分，未核对或不准确不得分； 样品交接单填写完整、规范，得 3 分，不准或漏项每处扣 0.5 分，直至扣完； 采样物品交接符合任务要求，得 2 分，未交接或交接错误每次扣 1 分，直至扣完； 危险化学品归还方式选择正确，得 1 分； 样品流转确认信息填写正确，得 2 分，不准或漏项每处扣 0.5 分，直至扣完	11				
			浓硫酸的归还说法选择正确	1				
			流转人员确定样品及样品性状填写正确，不准或漏项每处扣 0.5 分，直至扣完	2				
		检测任务下达单填写正确	内容不准或漏项每处扣 0.5 分，直至扣完	4				

续表

学习环节	一级指标	二级指标	评价说明	配分	自评 ___%	互评 ___%	师评 ___%	评价指标
实施计划	硫酸汞领取	硫酸汞危险性、急救措施、泄漏处置措施、使用注意事项提取正确	硫酸汞理化性质填写正确，得1分，不准或漏项每处扣0.5分，直至扣完； 硫酸汞危险性、急救措施、泄漏处置措施、使用注意事项提取正确，得2分，不准或漏项每处扣0.5分，直至扣完	3				岗位责任意识 沟通表达能力
		硫酸汞领取程序规范	硫酸汞领取程序规范，得2分； 危险化学品领用登记表填写完整、准确，得2分，不准或漏项每处扣0.5分，直至扣完	4				
	重铬酸钾领取	重铬酸钾危险性、急救措施、泄漏处置措施、使用注意事项提取正确	重铬酸钾理化性质填写正确，得1分，不准或漏项每处扣0.5分，直至扣完； 重铬酸钾危险性、急救措施、泄漏处置措施、使用注意事项提取正确，得2分，不准或漏项每处扣0.5分，直至扣完	3				

续表

学习环节	一级指标	二级指标	评价说明	配分	自评 ____%	互评 ____%	师评 ____%	评价指标
实施计划	试剂配制与标定	标准溶液相关概念提取正确	标准溶液、基准试剂概念提取正确，得 2 分，不准或未提取每处扣 1 分，直至扣完； 基准试剂需满足的要求提取正确，得 1 分； 标准溶液配制方法说明正确，得 2 分，不准或漏项每处扣 1 分，直至扣完； 标准滴定溶液标定合格的标准提取正确，得 1 分	6				岗位责任意识 沟通表达能力
		试剂配制符合标准要求	配制量、试剂消耗量合理，得 2 分； 标准溶液浓度偏差≤5%，未在范围内此项 0 分	6				
			硫酸银—硫酸溶液放置时间填写正确，原因解释正确，未填或不准每处扣 1 分，直至扣完	2				
			选用硫酸亚铁铵作为标准滴定溶液的原因解释正确	2				

续表

学习环节	一级指标	二级指标	评价说明	配分	自评 ____%	互评 ____%	师评 ____%	评价指标
实施计划	标准滴定溶液标定	标准滴定溶液标定符合标准要求	标定终点颜色填写正确，停留时间填写正确，不准或漏项每处扣0.5分，直至扣完	1				岗位责任意识 沟通表达能力
			四平行标定极差≤0.15%，得4分； 0.15%<极差≤0.50%，得2分； 极差大于0.50%，得0分。 双人八平行极差≤0.18%，得2分； 0.18%<极差≤0.50%，得1分； 极差大于0.50%，得0分	6				
			硫酸亚铁铵标准滴定溶液标定填写正确，得1分，不准或漏项每处扣0.5分，直至扣完； 重铬酸钾溶液作用书写正确，得2分； 硫酸亚铁铵与重铬酸钾反应方程式系数填写正确，得2分； 返滴定选择原因解释合理，得2分	7				

续表

学习环节	一级指标	二级指标	评价说明	配分	自评 ____%	互评 ____%	师评 ____%	评价指标
实施计划	COD 消解器使用	COD 消解器状态确认正确	COD 消解器组成描述准确，不准或漏项每处扣 0.5 分； COD 消解器状态确认准确，不准或漏项每处扣 0.5 分； COD 消解器操作步骤提取准确，不准或漏项每处扣 0.5 分，顺序错误每次扣 1 分，直至扣完	5				岗位责任意识 沟通表达能力
	水样氯离子含量粗判	COD 水样中氯离子含量测定规范	氯化物对 COD 的测定影响书写正确，得 2 分； 氯离子含量粗判方法合理，得 2 分； 氯离子消除原理及方法正确，得 2 分； 硫酸汞能否完全掩蔽氯离子解释合理，得 2 分	8				
		高浓度水样稀释倍数确定准确	预判水样 COD 浓度的常用方法书写正确，得 1 分； 稀释倍数确定方法正确，得 1 分； 确定稀释倍数的原理书写正确，得 1 分	3				

续表

学习环节	一级指标	二级指标	评价说明	配分	自评 ____%	互评 ____%	师评 ____%	评价指标
实施计划	质量保证和质量控制	空白试验、精密度控制、准确度控制符合要求	空白试验意义书写正确，数量设置符合要求，得1分； 平行样品数量填写准确，得1分，不准或漏项每处扣0.5分，直至扣完； 质控样的意义书写正确，数量设置方法合理，得1分； 加入防暴沸玻璃珠的目的书写正确，放置方式合理，得1分	4				岗位责任意识 沟通表达能力
	水样消解回流	水样回流消解过程符合标准要求	硫酸银—硫酸溶液加入方法总结正确	2				
			硫酸银—硫酸溶液未从冷凝管上端加入，扣2分； 硫酸银—硫酸溶液加入时未不断旋转锥形瓶，扣1分； 未在微沸状态回流，扣1分； 回流时间不满足标准要求，扣2分； 加水时未不断旋转锥形瓶冲洗内壁，扣2分	8				

续表

学习环节	一级指标	二级指标	评价说明	配分	自评 ____%	互评 ____%	师评 ____%	评价指标
实施计划	水样消解回流	水样回流消解过程符合标准要求	硫酸银—硫酸溶液的加入目的书写正确，加入量对结果的影响分析合理，得 1 分； 硫酸银—硫酸溶液的安全加入的方法解释正确，得 1 分； 微沸状态描述准确，得 1 分； 微沸状态保持一段时间的原因解释合理，得 1 分； 冲洗冷凝管的操作注意事项正确，得 1 分	5				岗位责任意识 沟通表达能力
	COD 测定	COD 规范测定	重铬酸钾与硫酸亚铁铵的化学反应关系填写正确，每处得 0.5 分，不准或漏项不得分； 有效数字保留位数正确，每处得 0.5 分，不准或漏项不得分； COD 质控样测试结果是否合格，判断正确得 1 分，处置方法得当得 2 分	5				
			临用前硫酸亚铁铵溶液未进行标定，此模块 0 分； 滴定终点判断错误，每个扣 1 分，直至扣完； 相对极差≤0.20%，得 5 分； 相对极差为 0.21%～0.40%，得 2 分	8				

续表

学习环节	一级指标	二级指标	评价说明	配分	自评 ___%	互评 ___%	师评 ___%	评价指标
实施计划	检测原始记录单填写	检测原始记录单填写内容准确、规范，结果计算与表示符合标准要求	内容填写准确，不准或漏项每处扣1分； 有涂改、划痕每处扣1分，直至扣完； 计算正确，得1分，计算错误此模块0分； 有效数字修约正确，得1分； 空白试验符合检测要求，得1分； 精密度，平行样偏差小于10%，得1分； 准确度、质控样数据合格，得1分	9				
	安全环保	废物处理	废物处理符合国家标准要求	2				安全意识 环保意识 规范意识
			废物处理方式填写正确	1				
	6S管理	规范整理实验台面	实验用玻璃仪器清洗，实验药品摆放规范，实验台面的清洁整理规范，用布擦净台面，未做到每次扣0.5分，直至扣完	2				
合计				200				

请你根据上述评价表的得分情况，从职业道德、专业知识、技术技能等职业综合素质和行动能力方面进行评述，分析自己的优势和不足，并对不足之处提出改进措施。
备注：

学习环节四　验收交付

环节目标

能依据任务委托单、原始记录等技术记录，出具检测报告。

建议学时：4

1. 检测结束后，________、________、________由填写人移交给报告室，________、________、________由检测人员移交给报告室，供编制检测报告时使用。

2. 在整个过程中，部分材料不流转至检测人员，直接由填写人移交报告室，从为客户着想的角度出发，谈谈你的看法。

3. 如图 1-4-1 所示，在检测机构，通常由______________负责检测报告的编制，________根据检测要求对报告进行审核，________负责检测报告的签发。请详细描述各岗位的主要工作职责。

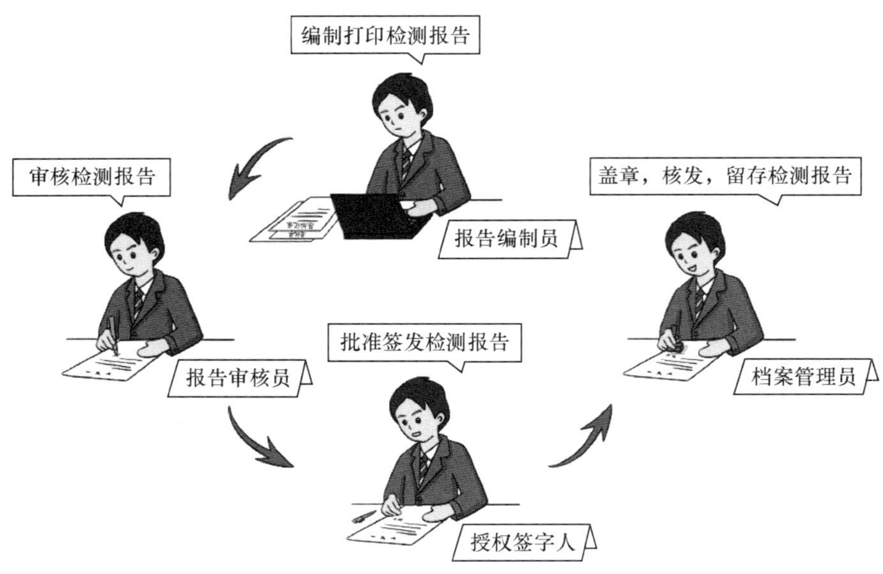

图 1-4-1　检测报告编制流程图

4. 案例：某报告审核员在审核检测报告时，发现同一水样的检测结果中 COD 为 68 mg/L，BOD_5（在有氧条件下，好氧微生物氧化分解单位体积水中有机物所消耗的游离氧的数量）为 101 mg/L，查阅资料，说明检测结果是否正常，并阐述理由。

5. 查阅相关环境质量标准和污染排放/控制标准资料，生活污水中 COD 的最高允许排放浓度是多少，本次检测结果是否符合要求？

6. 检测报告送达客户后，留存的报告副本需要同________、________、________、________等技术记录交给管理员进行归档。

7. 检测报告和原始记录保存期不少于________年。

8. 请依据相关技术记录，出具检测报告。

分析测试中心

检　测　报　告　书

检品名称：______________

委托单位：______________

报告日期　　年　　月　　日

分析测试中心

检测报告

报告编号：GHJC-JCBG-2022-001 第 页共 页

委托编号	GHJC-WT-2022-001	检测日期	
委托单位		采样日期	
受检单位		检测项目	
受检地址			
检测依据/检测方法			
检测仪器/编号			
受检设备信息			
检测位置		环境条件	
检测结果			
检测项目	计量单位	数值	
化学需氧量浓度			
备注：			

编制： 审核：

批准： 签发日期： 年 月 日

注意：报告书包括封面、首页、正文（附页）、封底，并盖有计量认证章、检测章和骑缝章。

参考性评价

学习环节	一级指标	二级指标	评价说明	配分	自评 ___%	互评 ___%	师评 ___%	评价指标
验收交付	技术记录移交	技术记录移交正确	技术记录移交正确，每处得 3 分，若流转至检测人员不得分	18				专业能力 思政元素
			体现为客户着想理念，得 2 分；看法体现专业理念，得 3 分	5				
			检测报告编制、审核、签发人员填写正确，得 3 分；岗位职责描述正确，得 3 分	6				
	案例分析	案例分析结论正确，理由合理	案例分析结论正确，得 1 分；理由合理，得 3 分	4				
	检测结果确认	检测结果确认正确	能进行检测数据综合审查，审查错误或未审查不得分	10				
	材料归档	材料归档正确	归档材料填写正确，不准或漏项每处扣 1 分，直至扣完	4				
		保存期限填写正确	保存期限填写正确	2				

续表

学习环节	一级指标	二级指标	评价说明	配分	自评 ___%	互评 ___%	师评 ___%	评价指标
验收交付	检测报告书写	检测报告符合要求	检测报告内容来自移交的技术记录，有更改、捏造不得分； 有涂改、划痕每处扣 1 分，直至扣完	30				综合职业能力
		检测报告审核程序正确	三级审核程序正确	7				
		检测报告份数正确	检测报告份数正确	4				
		技术记录归档符合要求	检测报告副本、委托单、监测方案、采样原始记录、任务下达单、检测原始记录交给管理员归档，每归档一项得 2 分	10				
合计				100				

请你根据上述评价表的得分情况，从职业道德、专业知识、技术技能等职业综合素质和行动能力方面进行评述，分析自己的优势和不足，并对不足之处提出改进措施。
备注：

学习环节五　总结拓展

1. 能对任务成本进行核算，提升成本控制理念；
2. 能写出污水中化学需氧量样品在采集与测定中的关键技术点；
3. 能小组合作制定工业废水中化学需氧量测定方案；
4. 通过小组讨论，提升沟通表达、团队合作、自我展示的能力。

建议学时：4

一、总结

1. 请小组讨论，回顾整个任务的工作过程，列出所使用的试剂耗材，并参考库房管理员提供的价格清单，对本次任务的单个样品使用耗材进行成本核算，填写表 1-5-1。

表 1-5-1　　成本核算表

序号	试剂名称	规格	单价（元）	使用量	成本（元）
1					
2					
3					
4					
5					
6					
7					
8					
9					
10					
11					
合计					

2. 工作中，除了试剂耗材成本以外，还有哪些成本？请小组讨论，列出至少 3 条，并写出如何有效地在保证质量的基础上控制成本。

3. 通过本次任务的实践，结合自身实际情况，总结主要操作步骤及关键点，填写表 1-5-2。

表 1-5-2 主要操作步骤及关键点汇总表

序号	主要操作步骤	关键点

二、拓展

请查阅相关资料，小组合作制定工业废水中化学需氧量的测定方案，并进行展示（主要包括实验所有仪器设备和试剂的配备、水样的采集及检测步骤、注意事项等内容）。

方案名称：________________

一、任务目标及依据（概括说明本次任务要达到的目标及依据的标准）

二、工作内容安排（列出工作流程、工作要求、仪器设备和试剂、人员及时间安排等）

工作流程	工作要求	仪器设备和试剂	人员	时间安排

三、验收标准（本次任务最终的验收相关标准）

四、安全注意事项及防护措施（对工作过程中安全注意事项及防护措施、废物处理等进行说明）

参考性评价

学习环节	一级指标	二级指标	评价说明	配分	自评 ___%	互评 ___%	师评 ___%	评价指标
总结拓展	成本核算	成本核算准确	试剂耗材成本核算准确，不准或漏项每处扣 1 分，直至扣完	20				综合职业能力 思政元素
			其他成本核算准确，得 3 分，不准或漏项每处扣 1 分，直至扣完； 在保证质量的基础上控制成本措施可行，得 7 分	10				
	主要操作步骤和关键点总结	主要操作步骤和关键点总结准确	主要操作步骤和关键点总结准确，不准或漏项每处扣 3 分，直至扣完	30				
	工业废水中化学需氧量的测定计划	工业废水中化学需氧量的测定计划符合标准要求	操作步骤符合标准及任务要求，不准或漏项每处扣 2 分，顺序错误每处扣 4 分，直至扣完； 关键点提取准确，不准或漏项每处扣 3 分，直至扣完	40				
合计				100				

请你根据上述评价表的得分情况，从职业道德、专业知识、技术技能等职业综合素质和行动能力方面进行评述，分析自己的优势和不足，并对不足之处提出改进措施。
备注：

知识链接

1. 水质类别

依据不同的分类方法可以将水质分为不同类别。通常将工业生产过程中产生的废水、污水和废液称为工业废水。将供人生活的饮水和生活用水称为生活饮用水。将各种液态和固态的水体，主要有河流、湖泊、沼泽、冰川、冰盖等陆地表面上的动态水和静态水称为地表水。将居民日常生活中排出的废水称为生活污水。将赋存于地表以下的水称为地下水。将各类水源地的水称为水源水。

2. 化学需氧量

(1) 定义

化学需氧量（COD）是指在一定条件下，经强氧化剂处理时，水样中的溶解性物质和悬浮物所消耗的氧化剂相对应的氧的质量浓度，单位为 mg/L。

(2) 物理意义

COD 是表示水中还原性物质多少的一个指标，水中的还原性物质包括各种有机物、亚硝酸盐、硫化物、亚铁盐等，但主要是有机物。因此，COD 又往往作为衡量水中有机物含量多少的指标。

(3) 主要来源

污水中 COD 主要来自水中含有的还原性物质，如动植物残体、粪便、油脂、食物残渣、食品厂中多余食物的残留、化工厂中有机酸、有机合成工业制品、有机原料及工业废水等。

(4) 生态影响

污水中 COD 高意味着含有的还原性物质多。COD 高的污水，如果不进行处理直接排放，污水中还原性物质之一有机污染物可被河底底泥吸附而沉积下来，给水生生物带来持久的毒害，造成水生生物大量死亡，损害河中的生态系统，甚至会通过食物链积累在人体内，而这些物质往往具有致癌、致畸形、致突变的作用，对人极其危险。

另外，若用 COD 超标的水进行灌溉，也会给农作物及其他植物造成影响，致使农作物及其他植物生长不良、枯萎，甚至死亡。

3. 常用采样工具简介

(1) 吊桶

一般为金属材质，带系绳提手，可沉入水中，注满水后提出水面，常用于瞬时采集表层样品，如图 1-6-1 所示。

(2) 广口瓶

一般为玻璃材质，注满水后提出水面可用于瞬时采集表层样品；也可配合一套夹住瓶子的机械设备，使之均匀沉入水中，用于综合深度采样，如图 1-6-2 所示。

图 1-6-1 金属吊桶

图 1-6-2 综合深度采样工具

(3) 深水采样器

由桶体、带轴的两个半圆上盖和活动底板等组成，采样时液体从采水器中通过，任意深度样品可取，且取样准确，如图 1-6-3 所示。

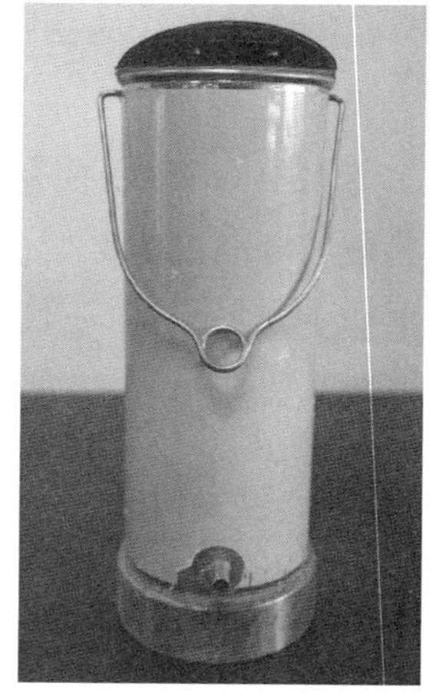

图 1-6-3 深水采样器

4. 样品的保存

各种水质的水样，从采集到分析这段时间内，由于物理、化学、生物等作用会发生不同程度的变化，这些变化使得进行分析时的样品已不再是采样时的样品，为了将这种变化降低到最小的程度，必须在采样时对样品加以保护。

(1) 水样变化的原因

1) 物理作用。光照、温度、静置或震动，敞露或密封等保存条件及容器材质都会影响水样的性质。如温度升高或强震动会使得一些物质如氧、氰化物及汞等挥发，长期静置会使 $Al(OH)_3$、$CaCO_3$、$Mg_3(PO_4)_2$ 等沉淀。某些容器的内壁能不可逆地吸附或吸收一些有机物或金属化合物等。

2）化学作用。水样及水样各组分可能发生化学反应，从而改变某些组分的含量与性质。例如，空气中的氧能使二价铁、硫化物等氧化，聚合物解聚，单体化合物聚合等。

3）生物作用。细菌、藻类及其他生物体的新陈代谢会消耗水样中的某些组分，产生一些新组分，改变一些组分的性质。生物作用会对样品中待测的一些项目如溶解氧、二氧化碳、含氮化合物、磷及硅等的含量产生影响。

（2）样品保存环节的预防措施

水样在储存期内发生变化的程度主要取决于水的类型及水样的化学性和生物学性质，也取决于保存条件、容器材质、运输及气候变化等因素。

样品常在很短的时间里明显地发生变化，因此必须采取必要的保存措施，并尽快地进行分析。保存措施在降低变化的程度或减慢变化的速度方面是有作用的，但到目前为止所有的保存措施还不能完全抑制这些变化。而且对于不同类型的水，产生的保存效果也不同，饮用水很易储存，因其对生物或化学的作用很不敏感，一般的保存措施对地表水和地下水可有效储存，但对废水则不同。废水性质或废水采样地点不同，其保存的效果不同，如采自城市排水管网和污水处理厂的废水其保存效果不同，采自生化处理厂的废水及未经处理的废水其保存效果也不同。

分析项目决定废水样品的保存时间，有的分析项目要求单独取样，有的分析项目要求在现场分析，有些项目的样品能保存较长时间。由于采样地点和样品成分的不同，迄今为止还没有找到适用于一切场合和情况的样品保存绝对准则。

（3）常用样品保存措施

1）冷藏或冷冻。在大多数情况下，从采集样品后到运输至实验室期间，采取1~5 ℃冷藏并暗处保存，对保存样品就足够了。冷藏并不适用长期保存，对废水的保存时间更短。零下20 ℃的冷冻温度一般能延长储存期。分析挥发性物质不适用冷冻程序。如果样品包含细胞、细菌或微藻类，在冷冻过程中细胞会破裂，同样不适用冷冻。冷冻需要掌握冷冻和融化技术，以使样品在融化时能迅速、均匀地恢复其原始状态。用干冰快速冷冻是令人满意的方法。一般选用塑料容器，如聚氯乙烯或聚乙烯等材质。

2）过滤和离心。采样时或采样后，用滤器（滤纸、聚四氟乙烯滤器、玻璃滤器）等过滤样品或将样品离心分离都可以除去其中的悬浮物、沉淀、藻类及其他微生物。滤器的选择要注意与分析方法相匹配，用前清洗及避免吸附、吸收损失。因为各种重金属化合物、有机物容易吸附在滤器表面，滤器中的溶解性化合物如表面活性剂会滤到样品中。一般测定有机项目时选用砂芯漏斗和玻璃纤维漏斗，而在测定无机项目时常用0.45 μm的滤膜过滤。过滤样品的目的就是区分被分析物的可溶性和不可溶性的比例（如可溶和不可溶金属部分）。

3）添加固定剂。加入一些化学试剂可固定水样中的某些待测组分，固定剂可事先加入空瓶中，亦可在采样后立即加入水样中。所加入的固定剂不能干扰待测成分的测定，如有疑义应先进行必要的实验。加入固定剂的样品，经过稀释后，在分析计算结果时要充分考虑。但如果加入足够浓的固定剂，因加入体积很小，可以忽略其稀释影响。固体固定剂，因会引起局部过热，影响样品，应该避免使用。

所加入的固定剂有可能改变水中组分的化学或物理性质，因此选用固定剂时一定要考虑对测定项目的影响。如待测项目是溶解态物质，酸化会引起胶体组分和固体的溶解，则必须在过滤后酸化保存。必须要做固定剂空白试验，特别是对微量元素的检测。要充分考虑加入固定剂所引起待测元素数量的变化。例如，酸类会增加砷、铅、汞的含量。因此，样品中加入固定剂后，应保留做空白实验。

常见固定剂作用方式有以下几种。

①控制溶液 pH 值。测定金属离子的水样常用硝酸酸化至 pH 1~2，既可以防止重金属的水解沉淀，又可以防止金属在器壁表面上的吸附，同时在 pH 1~2 的酸性介质中还能抑制生物的活动。用此法保存，大多数金属离子可稳定数周或数月。测定氰化物的水样需加氢氧化钠调至 pH 12。测定六价铬的水样应加氢氧化钠调至 pH 8，因在酸性介质中，六价铬的氧化电位高，易被还原。保存总铬的水样，则应加硝酸或硫酸调至 pH 1~2。

②加入抑制剂。为了抑制生物作用，可在样品中加入抑制剂。如在测氨氮、硝酸盐氮和 COD 的水样中，加氯化汞或三氯甲烷、甲苯作防护剂以抑制生物对亚硝酸盐、硝酸盐、铵盐的氧化还原作用。在测酚水样中用磷酸调溶液的 pH 值，加入硫酸铜以控制苯酚分解菌的活动。

③加入氧化剂。水样中痕量汞易被还原，引起汞的挥发性损失，加入硝酸—重铬酸钾溶液可使汞维持在高氧化态，汞的稳定性大为改善。

④加入还原剂。测定硫化物的水样时，加入抗坏血酸对保存有利。含余氯水样，能氧化氰离子，可使酚类、烃类、苯系物氯化生成相应的衍生物，为此在采样时可加入适当的硫代硫酸钠予以还原，除去余氯干扰。样品固定剂如酸、碱或其他试剂在采样前应进行空白试验，其纯度和等级必须达到分析的要求。

5. 硫酸

根据《危险化学品安全管理条例》，危险化学品是指具有毒害、腐蚀、爆炸、燃烧、助燃等性质，对人体、设施、环境具有危害的剧毒化学品和其他化学品。作为危险化学品之一，浓硫酸具有强氧化性，被列为易制毒危化品（国家规定管制的可用于制造毒品的前体、原料和化学助剂等物质）。浓硫酸还具有强腐蚀性，可致人体灼伤。

硫酸应储存于阴凉、通风的库房，库温不超过 35 ℃，相对湿度不超过 85%。保持容器密封，与易（可）燃物、还原剂、碱类、碱金属、食用化学品分开存放，切忌混储。领取时，应符合以下规定：

（1）危险化学品的发放应有专人负责，并根据实际需要的最低数量发放。

（2）剧毒化学品、爆炸性化学品的领取，应由两人以当日实验的用量领取，如有剩余应在当日退回，并详细记录退回物品的种类和数量。

（3）领用时应填写危险化学品领用记录，按品种、规格记录购入、发放、退回的日期、单位、经手人、数量以及结存数量和存放地点，领用剧毒化学品、爆炸性化学品和易制爆危险化学品时还应详细记载用途。

在使用过程中严格遵守操作规程，注意通风，戴橡胶耐酸碱手套，浓硫酸稀释时，应将浓硫酸沿器壁慢慢注入水中（烧瓶用玻璃棒引流），不断搅拌，使稀释产生的热量立即释放。注意不要在酸中加水，否则会引起飞溅，可能造成腐蚀！

若在使用过程中皮肤接触浓硫酸，应立即脱去被污染的衣物，用大量流动清水冲洗至少 15 分钟，就医。若眼睛接触，应立即提起眼睑，用大量流动清水或生理盐水彻底冲洗至少 15 分钟，就医。若吸入，应迅速脱离现场至空气新鲜处，保持呼吸道通畅；如呼吸困难，给输氧；如呼吸停止，立即进行人工呼吸，就医。若食入，用水漱口，给饮牛奶或蛋清，就医。

6. COD 水样采集案例

以生活区总排口污水采样为例，采样步骤如下：

（1）到达监测点位，采样前先将采样容器及相关工具排放整齐。

（2）用蒸馏水润洗采样工具和样品容器。

（3）打开井盖，如图 1-6-4 所示，去除水面的杂物、垃圾等漂浮物，不可搅动水底部的沉积物。

安全提示：站在上风口！

（4）用水样润洗采样工具和样品容器。

（5）将采样工具吊桶沉入水中，采集水样，如图 1-6-5 所示。

（6）完成现场测试项目，如 pH、水温，并记录数据。

（7）加入固定剂。

安全提示：防止硫酸滴漏、腐蚀！

（8）规范填写并粘贴水样标签，如图 1-6-6 所示。

（9）水样保存与运输。

（10）废物收集。

图 1-6-4　打开井盖

图 1-6-5　采集水样

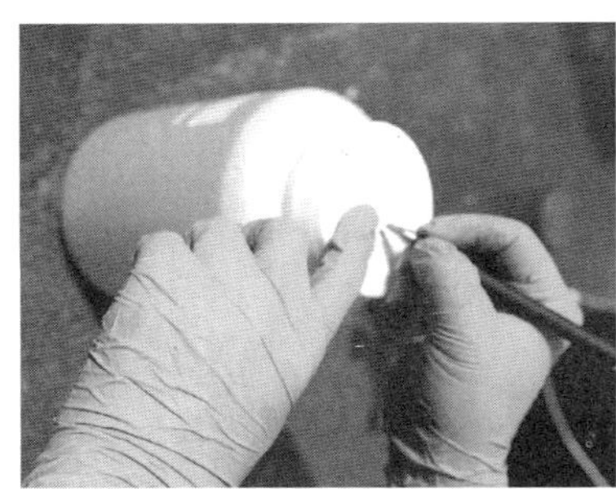

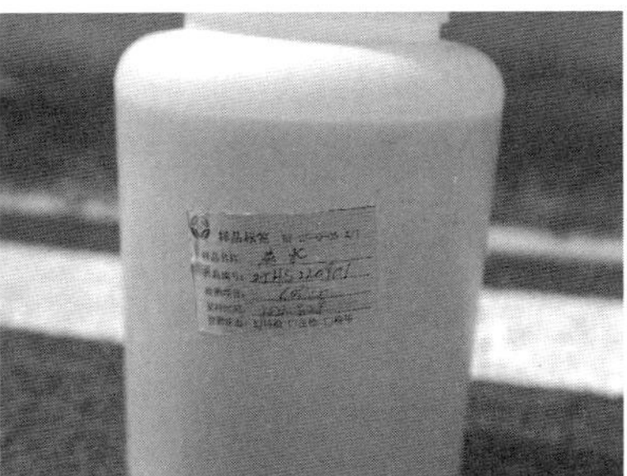

图 1-6-6　填写并粘贴水样标签

7. 重铬酸钾

重铬酸钾为危险化学品，具有强氧化性，可致人体灼伤，急性中毒。

储存于阴凉、通风的库房。远离火种、热源。库温不超过 35 ℃，相对湿度不超过 75%。密封包装。应与易（可）燃物、还原剂等分开存放，切忌混储。储区应备有合适的材料收容泄漏物。

若在使用过程中皮肤接触重铬酸钾，应立即脱去被污染的衣物，用肥皂水和清水彻底冲洗皮肤。如有不适感，就医。若眼睛接触，应立即提起眼睑，用流动清水或生理盐水冲洗，就医。若食入，催吐，用水漱口，用清水或质量分数 1%的硫代硫酸钠溶液洗胃，给饮牛奶或蛋清，就医。

8. 硫酸汞

硫酸汞为剧毒危险化学品，能引起人体急性中毒。领用时需符合危险化学品领用规定，填写危险化学品领用登记表。

储存于阴凉、通风的库房。远离火种、热源。防止阳光直射。包装必须密封，切勿受潮。应与氧化剂、食用化学品等分开存放，切忌混储。储区应备有合适的材料收容泄漏物。

密闭操作，局部排风。建议操作人员佩戴自吸过滤式防尘口罩，戴化学安全防护眼镜，穿防毒物渗透工作服，戴乳胶手套。避免与氧化剂接触，配备泄漏应急处理设备。要注意倒空的容器可能残留有害物。

若在使用过程中皮肤接触硫酸汞，应脱去被污染的衣物，用大量流动清水冲洗。若眼睛接触，应立即提起眼睑，用流动清水或生理盐水冲洗，就医。若吸入，迅速脱离现场至空气新鲜处，保持呼吸道通畅；如呼吸困难，给输氧；如呼吸停止，立即进行人工呼吸，就医。若食入，饮足量温水，催吐，立即就医。

9. 阅读材料：标准滴定溶液概述

（1）概述

在滴定分析中，不论采用何种滴定方法，都离不开标准滴定溶液，否则无法计算分析结果。所谓标准滴定溶液，是指用于滴定被测物质的、已知准确浓度的试剂溶液。不是什么试剂都可用来直接配制标准溶液的。能用于直接配制或标定标准滴定溶液的物质，称为基准物质或标准物质。

1）基准物质应符合的要求

①试剂组成与其化学式完全符合。若含结晶水，如草酸 $H_2C_2O_4 \cdot 2H_2O$，其结晶水的含量也应该与化学式完全相符。

②试剂的纯度应足够高，一般要求其纯度在 99.9%以上，而杂质的含量应少到不至于影响分析的准确度。

③试剂在一般情况下应该易得、易精制、易干燥，具有较高的稳定性。

④试剂最好有比较大的相对分子质量以减少相对误差。

⑤在使用情况下易溶，和标准滴定溶液作用，反应完全、迅速，易找到适当的指示剂。

2）常用基准物质的干燥条件和应用如下所示。

基准物质		干燥后的组成	干燥条件	标定对象
名称	分子式			
碳酸氢钠	$NaHCO_3$	Na_2CO_3	270~300 ℃	酸
十水合碳酸钠	$Na_2CO_3 \cdot 10H_2O$	Na_2CO_3	270~300 ℃	酸
二水合草酸	$H_2C_2O_4 \cdot 2H_2O$	$H_2C_2O_4$	室温、空气干燥	碱或高锰酸钾
邻苯二甲酸氢钾	$KHC_8H_4O_4$	$KHC_8H_4O_4$	110~120 ℃	碱或高氯酸
重铬酸钾	$K_2Cr_2O_7$	$K_2Cr_2O_7$	140~150 ℃	还原剂
三氧化二砷	As_2O_3	As_2O_3	室温、 干燥器中保存	氧化剂
氧化锌	ZnO	ZnO	900~1 000 ℃	乙二胺四乙酸（EDTA）
氯化钠	NaCl	NaCl	500~600 ℃	硝酸银

（2）所用试剂等级

1）一般所有标定标准滴定溶液或标准溶液的基准物质以及不经标定直接称取基准溶解制备的溶液（如重铬酸钾），应选用“基准试剂”规格，某些情况下可用“优级纯”（一级）或相当的“保证试剂”规格。

2）制备标准滴定溶液或标准溶液采用“分析纯”试剂。

（3）标准滴定溶液配制与标定

标准滴定溶液的配制有两种方法，即直接配制法和间接配制法（即标定法），如图 1-6-7 所示。

直接配制法：在分析天平上准确称取一定量已干燥的基准物质溶于水后，转入已校正的容量瓶中用水稀释至刻度，摇匀，即可算出其准确浓度。

间接配制法：大多数配制标准滴定溶液的物质都不符合基准物质条件，通常是先将这些物质配成近似所需浓度溶液，再用基准物质测定其准确浓度，这一过程又称为“标定”。

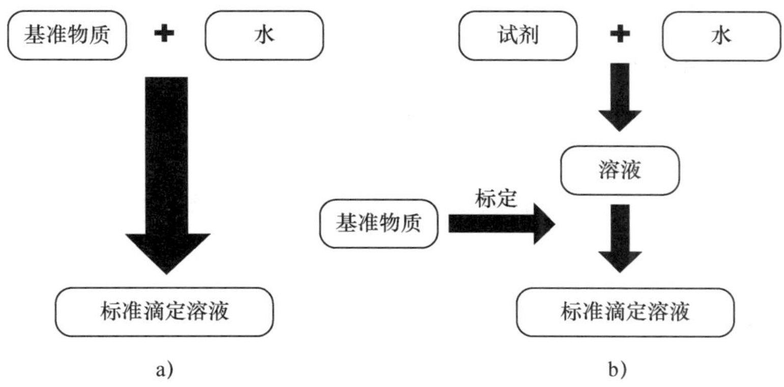

图 1-6-7 标准滴定溶液配备方法原理图

a）直接配制法 b）间接配制法

1）采用间接配制法时，溶质与溶剂的取用量均应根据规定量进行称取或量取，并使制成后标准滴定溶液的浓度值应为其名义值的 0. 95～1. 05；如在标定中发现浓度值超出其名义值的 0. 95～1. 05 时，应加入适量的溶质或溶剂予以调整，当配制量大于 1 000 mL 时，其溶质与溶剂的取用量均应按比例增加。

2）配制浓度等于或低于 0. 02 mol/L 的标准滴定溶液时，除另有规定外，应于临用前精密量取浓度等于或大于 0. 1 mol/L 的标准滴定溶液适量，加新沸过的冷水或规定的溶剂定量稀释制成。

3）标定工作宜在室温（10～30 ℃）下进行，并应在记录中注明标定时的室内温度。

4）根据标准滴定溶液的消耗量选用容量适宜的滴定管；滴定管应洁净，滴定管活塞应密合、旋转自如，盛装标准滴定溶液前，应先用少量标准滴定溶液润洗 3 次，盛装标准滴定溶液后，宜用小烧杯覆盖管口。

5）标定时所用溶液体积不宜太少，一般在 20～40 mL 为宜。

6）双人进行标定，分别做四平行，每日四平行标定结果相对极差应≤0. 15%，双人八平行标定结果相对极差应≤0. 18%。在运算过程中取 5 位有效数字，报出结果取 4 位有效数字。

（4）标准滴定溶液储存期

1）除另有规定外，标准滴定溶液储存期为 3 个月。

2）氢氧化钠标准滴定溶液储存期为 2 个月。

3）高锰酸钾标准滴定溶液、EDTA 标准滴定溶液、硝酸银标准滴定溶液、碘标准滴定溶液、亚硝酸钠标准滴定溶液、四苯硼酸钠标准滴定溶液储存期为 6 个月。

4）标准滴定溶液配制应详细记录相关内容，包括品名、配制日期、标化日期、复标日期、室温、相对湿度、标准滴定溶液 *F* 值、标准滴定溶液编号、配制方法、标化试剂、标定与复标计算、相对平均偏差、复标相对平均偏差等。

5）标准滴定溶液应建立发放记录台账。

10. 掩蔽剂硫酸汞加入量与氯离子掩蔽效果间的关系

COD 测定时，《水质　化学需氧量的测定　重铬酸盐法》（HJ 828—2017）方法不适用于氯离子质量浓度大于 1 000 mg/L（稀释后）的水样化学需氧量的测定，对氯离子质量浓度超过 1 000 mg/L 的水样需稀释分析。但是对于高氯低 COD 的样品，稀释倍数过高会影响测定结果准确度，减小稀释倍数时氯离子干扰仍严重，这时掩蔽剂的加入量就成为研究的重要任务。目前消除氯离子干扰的方法大量涌现，主要有硫酸汞掩蔽法、银盐沉淀法、标准曲线校正法、氯气校正法等。

硫酸汞加入量偏少时，测得的 COD 值偏大，随着硫酸汞加入量的增加，所得 COD 值趋近于标准溶液的质量浓度 200 mg/L，这是因为掩蔽剂硫酸汞加入量少时，水样中还存在没有被硫酸汞掩蔽的游离氯离子，这些游离氯离子在试验条件下同样会被氧化剂氧化，因而也会消耗氧化剂导致结果偏高，反应方程式为：

$$6Cl^{-}+Cr_2O_7^{2-}+14H^{+}=3Cl_2+2Cr^{3+}+7H_2O$$

另外还有一个因素是反应体系中加入了银盐作催化剂，氯离子和银离子反应生成氯化银沉淀使催化剂中毒，影响测定结果。具体来说，硫酸汞和氯离子的质量比值是 10∶1、20∶1、30∶1 时，误差还是很大（不包括氯离子浓度≤1 000 mg/L 的情况，在氯离子浓度低于 1 000 mg/L 时，硫酸汞和氯离子的质量比为 20∶1 就可以满足要求），不能反映真实的浓度，说明硫酸汞的加入量还不够，不足以络合氯离子，导致结果出现不同程度的误差。从结果看，硫酸汞和氯离子的比值为 40∶1 时已接近真实值，但是在实验过程中加入蒸馏水后产生白色沉淀，影响终点颜色观察，当硫酸汞和氯离子的质量比是 50∶1、60∶1、70∶1 时，测定结果接近真实值，测定结果和样品真实浓度相对误差较小，且加入蒸馏水后不产生沉淀。

因此当硫酸汞和氯离子质量比为 50∶1 时已经足以掩蔽氯离子，若再增加硫酸汞的量，不仅不会改善测定结果的准确度，还会浪费试剂。硫酸汞本身有剧毒，且会污染环境；实验中所用的重铬酸钾也是剧毒，铬属于重金属，同样也会污染环境，所以实验室产生的废液应统一收集，委托有资质的单位集中处理。综上所述，硫酸汞与氯离子质量比为 50∶1 时，对氯离子可以起到比较好的掩蔽效果，能使干扰程度降到最低。

11. COD 消解器

COD 消解器主要由加热系统、风冷系统、冷凝管、控制系统等部分组成，如图 1-6-8 所示，采用微机技术定时控制加热电炉板和风扇，可对多个锥形瓶回流装置同时进行加热。

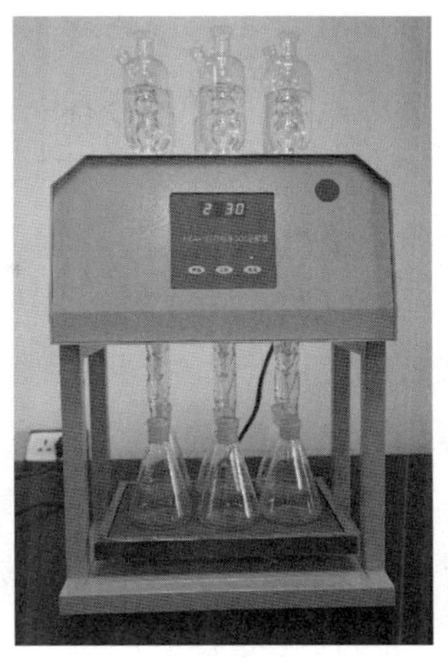

图 1-6-8 COD 消解器装置图

采用玻璃毛刺回流管代替球形回流管，并以风冷技术取代自来水冷却方式。冷却部分主要由毛刺冷凝管和风机组成，冷凝管上部分为球形，催化剂由此处加入，阻止了样品中轻组分的瞬间挥发，下部分为“刺”形，在一个平面上从冷凝管壁伸出的 3 个相向的“刺”比单纯的球形冷凝管更增大了冷却面积，并能阻挡挥发性物质和蒸汽的通过，加上上部分球形回流管内冷却水和机内风机的双重作用，确保了样品的回流冷却。COD 消解器有以下技术特性：

（1）可以设定消解时间，消解完毕后，仪器自动停止加热，可无人看管。

（2）样品消解完毕后，仪器风机继续工作，辅助样品冷却。

12. 返滴定

当滴定反应进行较慢，或因被测物质是固体，或没有合适的指示剂时，可采用返滴定法。此法可先准确加入一定数量的过量的标准滴定溶液 A，使其与被测物质反应完全，再用另一种标准滴定溶液 B 来返滴过量的标准滴定溶液 A。这是一种间接滴定法，又称为剩余滴定法或回滴定法。例如，用盐酸滴定碳酸钙，可先加入一定数量的过量的盐酸标准滴定溶液，使样品完全溶解和反应，然后用氢氧化钠标准滴定溶液回滴剩余的盐酸。其反应为：

$$CaCO_3+2HCl\text{（过量）}=CaCl_2+CO_2+H_2O$$

$$HCl\text{（剩余）}+NaOH=NaCl+H_2O$$

采用重铬酸钾法测定污水中的 COD 时，加入重铬酸钾与水中的还原性物质反应，这个反应速度比较慢，要长时间回流，所以不能用重铬酸钾来直接滴定污水中的还原性污染物。要先加过量的重铬酸钾反应，再返滴定过量的重铬酸钾，从而计算出 COD 含量。

13. 常用防暴沸方法介绍

纯净的液体缺少汽化核心，会出现加热超过沸点仍不沸腾的热滞后现象，加一点杂质后（本质是带入了微小气泡），沸腾滞后被打破，产生沸腾，液体中的气泡在沸腾过程中起着汽化核的作用。当液体中缺少气泡时，即使温度达到并超过了沸点，也不会沸腾，形成过热液体，过热液体是不稳定的，如果过热液体的外部环境温度突然急剧下降或侵入气泡，则会形成剧烈的沸腾，并伴有爆裂声，这种现象叫暴沸。暴沸时，溶液飞溅，冲出容器，容易烫伤人，因此常用以下方法防止暴沸。

（1）在微量试验（不多于50 mL）中，可以使用坚固的长颈瓶作为反应容器来防止暴沸。

（2）在反应体系中加入防暴沸玻璃珠、碎瓷片、沸石等多孔物，防止暴沸。玻璃珠表面多有微孔，可以形成汽化中心，从而使液体平稳沸腾，避免暴沸。例如，乙醇制乙烯实验中为了防止催化剂/吸水剂浓硫酸暴沸溅出发生危险，必须放入碎瓷片或者沸石；在进行水的蒸馏实验中，由于蒸馏瓶的玻璃表面十分光滑，缺少汽化核，因此容易暴沸，在实验时需要在蒸馏瓶中加入沸石或者碎瓷片，防止暴沸。

（3）搅拌，或者旋转蒸发，利用离心力破坏液膜，防止暴沸。通常反应使用磁力搅拌，非常容易暴沸的反应与放热较大的反应需要使用机械搅拌。

（4）小心控制温度，或者更换为间接加热方式。

项目总体评价

项次	项目内容	建议权重	综合得分 (各活动加权平均分×权重)	备注
1	接受任务	10%		
2	制订计划	20%		
3	实施计划	45%		
4	验收交付	10%		
5	总结拓展	15%		
合计				教师签字：

请你根据上述评价表的得分情况，从职业道德、专业知识、技术技能等职业综合素质和行动能力方面进行评述，分析自己的优势和不足，并对不足之处提出改进措施。

备注：

学习任务二

生活污水中阴离子表面活性剂的采集与测定

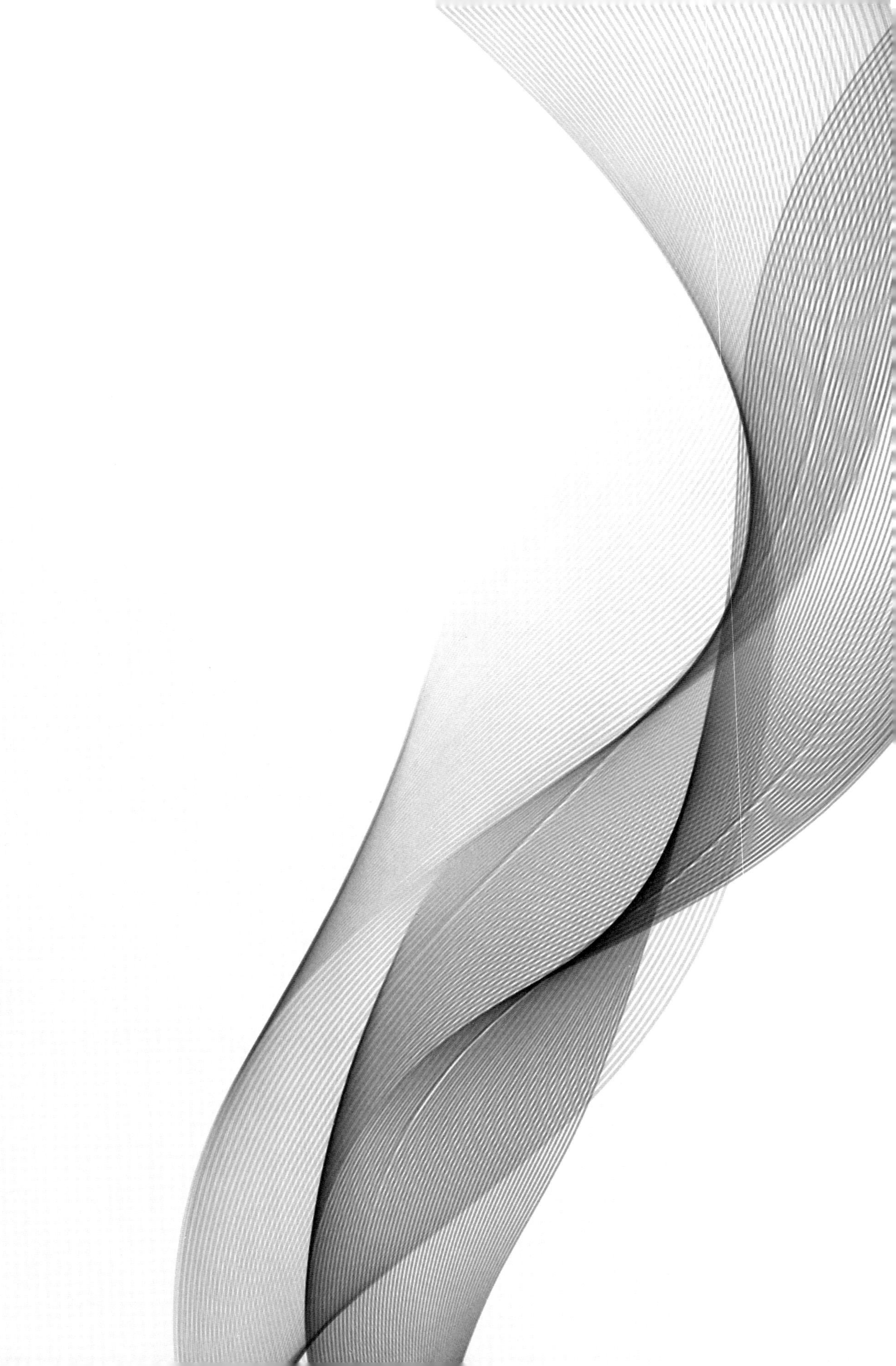

任务情景描述

日常生活中使用的洗涤用品含有大量的阴离子表面活性剂，阴离子表面活性剂超标的生活污水排放到污水处理厂后给污水处理工艺带来挑战，降低了污水处理效果。为了保证污水处理厂的正常运行，某城市污水处理厂委托第三方检测机构对某小区总排口污水进行采集，并对污水中阴离子表面活性剂进行检测，检毕后的样品按照规范进行保存。到样后，3 个工作日内进行检测，7 个工作日内提供检测报告。

承担检测任务的人员认真阅读任务单，查阅《污水监测技术规范》（HJ 91.1—2019）、《污水综合排放标准》（GB 8978—1996）、《水质　样品的保存和管理技术规定》（HJ 493—2009）、《水质　采样技术指导》（HJ 494—2009）、《水质　阴离子表面活性剂的测定　亚甲蓝分光光度法》（GB 7494—87）和其他资料文献，检测人员能够严格遵守劳动纪律，制订采样计划及检测计划，准备仪器、试剂，采集样品并对其进行检测，确认原始记录单，并对数据处理结果进行复核，依据复核后的原始记录出具检测报告，报告经审核、批准后，送达委托人。

学习环节及学时分配表

环节序号	学习环节	学时安排	备注
1	接受任务	4 学时	
2	制订计划	12 学时	
3	实施计划	36 学时	
4	验收交付	4 学时	
5	总结拓展	4 学时	
总计		60 学时	

学习环节一　接受任务

1. 能与客户进行礼貌沟通，准确提取客户提供的有效信息；
2. 能准确、如实填写委托单，书写工整；
3. 能够依据委托单，制定任务下达单；
4. 培养执着专注、精益求精、一丝不苟、追求卓越的工匠精神，礼貌待人的职业素养。

建议学时：4

1. 根据本次任务的情景描述，提取关键信息并完成以下内容的填写。

（1）水质类别：________________。

（2）采样位置：________________。

（3）检测项目：________________。

（4）输出成果及时间要求：________________

________________。

（5）所需标准：________________

____

____

____

____

____

________________。

2. 根据客户委托内容，独立填写委托单。

委托单

委托编号：GHJC-WT-2022-C02

<table>
<tr><td colspan="6">委托单位名称：____________________
委托单位地址：____________________
委托单位联系人：　　　　　　　　联系电话：</td></tr>
<tr><td colspan="6">样品信息</td></tr>
<tr><td>样品名称</td><td colspan="2"></td><td>样品状态及描述</td><td colspan="2"></td></tr>
<tr><td>样品类别</td><td colspan="2"></td><td>样品数量</td><td colspan="2"></td></tr>
<tr><td>样品编号</td><td colspan="2"></td><td>储存条件</td><td colspan="2">□常温　□冷藏
□冷冻　□其他</td></tr>
<tr><td colspan="2">检测项目</td><td colspan="2">检测依据</td><td colspan="2">判定依据</td></tr>
<tr><td colspan="2"></td><td colspan="2"></td><td colspan="2"></td></tr>
<tr><td>检测周期
（特殊项目除外）</td><td colspan="5">□标准服务：到样后 7 个工作日，不另收费
□加急服务：到样后 5 个工作日，加收 50%加急费
□特急服务：到样后 3 个工作日，加收 100%加急费</td></tr>
<tr><td colspan="3">报告形式：
□检测报告　□数据报告单　□电子数据</td><td>报告份数：____份</td><td colspan="2">预计报告完成日期：</td></tr>
<tr><td colspan="6">注：2 份以上每份加收 30 元</td></tr>
<tr><td>报告发放方式</td><td colspan="5">□自取　□邮寄　□电子邮件</td></tr>
<tr><td>检测费用（元）</td><td colspan="5">检测费：____采样费：____加急费：____其他：________总计：________</td></tr>
<tr><td>发票信息</td><td colspan="5">□开票单位名称：____________________
□增值税专用发票　□增值税普通发票　□先不开发票</td></tr>
<tr><td>支付方式</td><td colspan="5">□现款已付　□取报告付款　□银行汇款　□定期结算（协议客户）</td></tr>
<tr><td rowspan="2">备注</td><td colspan="5">□同意分包，项目：</td></tr>
<tr><td colspan="5">□送样　□采样</td></tr>
</table>

续表

委托方声明：我方同意此委托单双方约定条款，并承诺报告完成日期前支付检测费用。 委托方代表（签字/盖章）： 检测方代表（签字/盖章）： 日期： 日期：
汇款信息 开户名称：×××检测技术有限公司 开户银行：交通银行×××××支行 银行账号：110060980018800×××××
检测方信息： 单位名称：×××检测技术有限公司 单位地址：北京市朝阳区化工路甲××号 联系电话：010-58440×××

注：本委托书一式三份，甲方执一份，乙方执两份。甲方“委托方”和乙方“检测方”签字后协议生效。

3. 阴离子表面活性剂的定义是什么？

4. 阴离子表面活性剂是评价水质污染情况指标之一，其主要来源是什么？

5. 阴离子表面活性剂是第几类污染物？阴离子表面活性剂含量过高，会带来哪些危害？请查阅相关资料，以小组讨论形式，列出可能带来的危害（不少于3条）。

6. 在日常生活中，你认为应该如何减少阴离子表面活性剂的排放，保护水资源？

7. 本次检测任务中使用的标准为《水质　阴离子表面活性剂的测定　亚甲蓝分光光度法》（GB 7494—87），请问检测阴离子表面活性剂的标准还有哪些，并将对应的检测方法、适用范围及检出限填入表 2-1-1。

表 2-1-1　　阴离子表面活性剂检测标准表

检测标准	检测方法	适用范围	检出限

8. 案例：淀粉工业废水中总氮的测定标准，如图 2-1-1 所示。

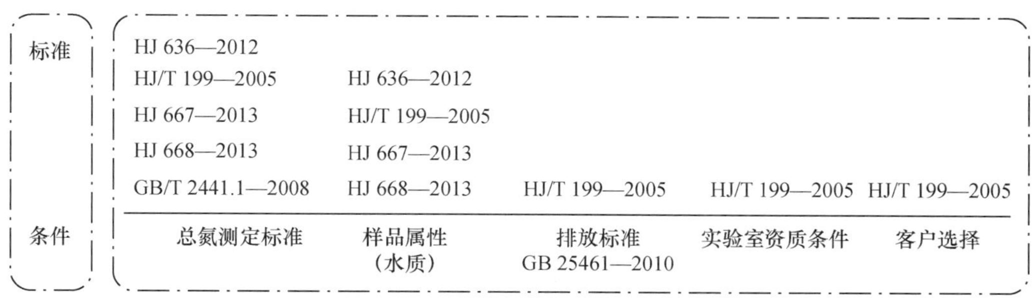

图 2-1-1　淀粉工业废水中总氮的测定标准

（1）基于检测项目，查找到总氮相关检测标准有《水质　总氮的测定　碱性过硫酸钾消解紫外分光光度法》（HJ 636—2012）、《水质　总氮的测定　气相分子吸收光谱法》（HJ/T 199—2005）、《水质　总氮的测定　连续流动—盐酸萘乙二胺分光光度法》（HJ 667—2013）、《水质　总氮的测定　流动注射—盐酸萘乙二胺分光光度法》（HJ 668—2013）、《尿素的测定方法　第 1 部分：总氮含量》（GB/T 2441.1—2008）等。

（2）基于所检测水质类别为工业废水，筛选适用本水质样品的检测标准有《水质　总氮的测定　碱性过硫酸钾消解紫外分光光度法》（HJ 636—2012）、《水质　总氮的测定　气相分子吸收光谱法》（HJ/T 199—2005）、《水质　总氮的测定　连续流动—盐酸萘乙二胺分光光度法》（HJ 667—2013）、《水质　总氮的测定　流动注射—盐酸萘乙二胺分光光度法》（HJ 668—2013）。

（3）结合排放标准《淀粉工业水污染物排放标准》（GB 25461—2010），筛选适用的检测标准有《水质　总氮的测定　气相分子吸收光谱法》（HJ/T 199—2005）。

（4）结合实验室资质条件，筛选适用于本实验室的检测标准有《水质　总氮的测定　气相分子吸收光谱法》（HJ/T 199—2005）。

（5）客户选择《水质　总氮的测定　气相分子吸收光谱法》（HJ/T 199—2005）。

请参考案例，描述确定《水质　阴离子表面活性剂的测定　亚甲蓝分光光度法》（GB 7494—87）检测标准及方法的选择依据。

9. 为准确测定水样的阴离子表面活性剂含量，写出阴离子表面活性剂测定时需要的水样量及水样的储存方式。

10. 结合任务委托单，写出本次检测任务的标准服务、加急服务、特级服务的周期。

11. 请与同学组队，录制模拟接待客户的过程，并进行评价反思，参见表 2-1-2。

表 2-1-2 评价反思表

工作过程	评价指标	是/否	备注（解释说明）
接待客户来到业务室	能礼貌待人		
询问客户需求	能引导客户说出需求		
	能如实记录客户需求		
填写委托单	能与客户沟通，确认委托单位名称、委托单位地址、联系人、联系电话		
	能引导客户描述受检样品情况，并准确判断样品类别		
	能根据客户具体描述，给出建议的检测项目，并与客户确认		
	能依据检测项目，准确给出建议的检测标准，并与客户确认		
	能结合检测需求及检测标准给出判定要求，并与客户确认		
	能与客户沟通，确认采样时间；或能提示客户，如何正确采集及妥善保存样品		
	能与客户沟通，确认检测周期		
	能与客户沟通，确认需要检测报告份数及报告送达方式		
	能与客户沟通，确定检测费用，约定支付方式、发票信息等		
	能签订委托单		
送客户出门	能礼貌待人		

12. 依据委托单，完成采样任务下达单的填写，并下达至采样部门。

采样任务下达单

编号：GHJC-CYXD-2022-002

采样依据		检验项目	
采样地点			
采样时间		水质类别	
采水样量		现场检测项	
采样人			

参考性评价

学习环节	一级指标	二级指标	评价说明	配分	自评 ____%	互评 ____%	师评 ____%	评价指标
接受任务	关键信息提取	关键信息提取准确，无漏项	准确且齐全，不准或漏项每处扣1分，直至扣完	5				
	委托单填写	信息填写准确、完整，字迹书写工整、清晰	不准或漏项每处扣1分，识别不出书写内容每处扣1分，直至扣完	20				综合职业能力
	阴离子表面活性剂相关知识掌握	阴离子表面活性剂的定义、来源、危害说明正确，减少措施可行	阴离子表面活性剂定义提取准确	2				专业能力 思政目标
			阴离子表面活性剂来源概括全面，不准或漏项每处扣1分，直至扣完	5				
			阴离子表面活性剂危害概括全面，不准或漏项每处扣1分，直至扣完	5				
			每提出一种合理有效阴离子表面活性剂减少措施，得2分，最多得10分	10				
	检测标准选择正确	检测标准选择准确	列举一个检测标准得0.5分，正确写出对应方法再得0.5分，正确写出对应方法的适用范围再得0.5分，正确写出对应方法的检出限再得0.5分	9				

续表

学习环节	一级指标	二级指标	评价说明	配分	自评 ___%	互评 ___%	师评 ___%	评价指标
接受任务	检测标准选择正确	检测标准选择准确	总结出选择检测标准的依据，每正确提炼出一条得 2 分，最多得 8 分	8				专业能力 思政目标
	水样量及储存方式选择	水样量及储存方式满足要求	水样量满足要求，得 3 分； 储存方式满足要求，得 3 分	6				
	服务周期选择	服务周期选择正确	服务周期选择正确	6				
	模拟接待客户	友善待人、礼貌接物，用规范语言进行准确的技术性沟通，对所获信息归纳总结	待人接物未体现礼仪修养，扣 2 分； 未能引导并记录客户需求，扣 2 分； 所获信息填写不准确每处扣 1 分，直至扣完	20				综合职业能力
	任务下达单书写	信息填写准确、完整，字迹书写工整、清晰	不准或漏项每处扣 0.5 分，识别不出书写内容每处扣 0.5 分，直至扣完	4				信息获取能力
合计				100				

请你根据上述评价表的得分情况，从职业道德、专业知识、技术技能等职业综合素质和行动能力方面进行评述，分析自己的优势和不足，并对不足之处提出改进措施。
备注：

学习环节二　制订计划

1. 能正确布控监测点位、选择采样方式、确定采样频次，保障样品具有代表性；
2. 能正确选择采样工具、样品容器、辅助用具及样品保存与运输方式，合理安排人员、时间及分工，制订完整的采样计划；
3. 能编制试剂材料清单和仪器设备清单，梳理检测流程，制订完整的检测计划。

建议学时：12

一、制订采样计划

1. 下列关于污染物排放监测点位及污水处理设施处理效率监测点位的设置规则的说法，正确的是（　　）。

A. 二类污染物采样点设置在车间或车间预处理设施排放口

B. 二类污染物采样点设置在排污单位的总排口

C. 监测污水处理设施的整体处理效率时，在各污水进入污水处理设施的进水口和污水处理设施的出水口设置监测点位

D. 监测各污水处理单元的处理效率时，在各污水进入污水处理单元的进水口和污水处理单元的出水口设置监测点位

2. 在采样前，需要特别注意采样频次，查阅《污水监测技术规范》（HJ 91.1—2019），如未明确采样频次的，按照生产周期确定采样频次。生产周期在 8 h 以内的，采样时间间隔应不小于______；生产周期大于 8 h 的，采样时间间隔应不小于______；每个生产周期内采样频次应不少于______次。如无明显生产周期、稳定、连续生产，采样时间间隔应不小于______，每个生产日内采样频次应不少于________次。排污单

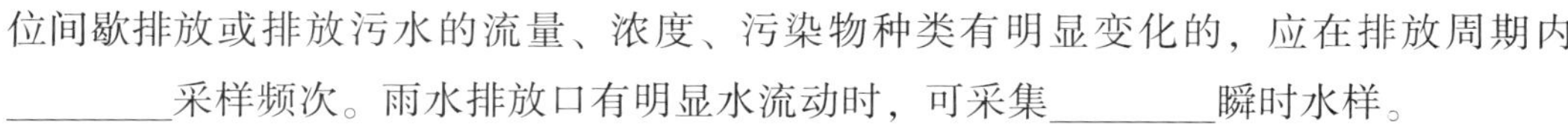

位间歇排放或排放污水的流量、浓度、污染物种类有明显变化的，应在排放周期内________采样频次。雨水排放口有明显水流动时，可采集________瞬时水样。

3. 小组讨论，准确写出本次任务监测点位、采样方式及采样频次。

4. 查阅《水质　采样技术指导》（HJ 494—2009），以下哪种容器适合作为水质样品采样器？（　　）

A.

B.

C.

D.

5. 选择采集和存放样品的容器，应该遵循的准则包括（　　）。

A. 制造容器的材料应对水样的污染降至最小

B. 清洗和处理容器壁，以便减少微量组分

C. 制造容器的材料在化学和生物方面具有惰性，使样品组分与容器之间的反应降到最低程度

D. 待测物吸附在样品容器上不会引起误差

6. 查阅资料，在表 2-2-1 中写出本次任务使用的采样工具名称、材质等信息。

表 2-2-1 采样工具表

序号	名称	材质	备注

7. 将下列采集样品的步骤进行排序：____________________。

①到达监测点位，采样前先将采样容器及相关工具排放整齐。

②对照监测方案采集样品。采样时应去除水面的杂物、垃圾等漂浮物，不可搅动水底部的沉积物。

③采样前要认真检查采样器具、样品容器及其瓶塞（盖），及时维修并更换采样工具中破损和不牢固的部件。

④采样结束后，核对监测方案、现场记录与实际样品数，如有错误或遗漏，应立即补采或重采。

⑤采样前先用水样荡涤采样容器和样品容器 2~3 次。

⑥采样完成后应在每个样品容器上贴上标签，同步填写现场记录。

⑦采样结束后，加入固定剂。

8. 阴离子表面活性剂水样的采集中，若保存时间超过 24 h 需要立即加入甲醛，加入甲醛的作用是什么？

9. 各种水质的水样，从采集到分析这段时间内，由于物理、化学、生物作用会发生不同程度的变化，这些变化使得进行分析时的样品已不再是采样时的样品，为了使这种变化降低到最小的程度，必须在采样时对样品加以保护。以下导致水样变化的原因中不正确的是（　　）。

A. 光照、温度、静置或震动，敞露或密封等保存条件都会影响水样的性质

B. 容器材质不会影响水样的性质

C. 水样及水样各组分可能发生化学反应，从而改变某些组分的含量与性质

D. 细菌、藻类及其他生物体的新陈代谢会消耗水样中的某些组分，产生一些新组分，改变一些组分的性质

10. 查阅《水质　样品的保存和管理技术规定》（HJ 493—2009）及《污水监测技

术规范》（HJ 91.1—2019），描述阴离子表面活性剂水样的保存与运输方式。

11. 请制订采样计划，填写表 2-2-2。

表 2-2-2　　采样计划表

<table>
<tr><td colspan="6">采样计划表</td></tr>
<tr><td colspan="2">采样时间</td><td colspan="4"></td></tr>
<tr><td colspan="2">采样人员</td><td></td><td>辅助人员</td><td colspan="2"></td></tr>
<tr><td>采样地点</td><td colspan="2">水质类别</td><td colspan="3">监测因子</td></tr>
<tr><td></td><td colspan="2"></td><td colspan="3"></td></tr>
<tr><td></td><td colspan="2"></td><td colspan="3"></td></tr>
<tr><td></td><td colspan="2"></td><td colspan="3"></td></tr>
<tr><td colspan="6">采样物品清单（设备、试剂、辅助用具）</td></tr>
<tr><td>序号</td><td colspan="3">物品名称</td><td>数量</td><td>备注</td></tr>
<tr><td></td><td colspan="3"></td><td></td><td></td></tr>
<tr><td></td><td colspan="3"></td><td></td><td></td></tr>
<tr><td></td><td colspan="3"></td><td></td><td></td></tr>
<tr><td></td><td colspan="3"></td><td></td><td></td></tr>
<tr><td></td><td colspan="3"></td><td></td><td></td></tr>
<tr><td></td><td colspan="3"></td><td></td><td></td></tr>
<tr><td></td><td colspan="3"></td><td></td><td></td></tr>
<tr><td></td><td colspan="3"></td><td></td><td></td></tr>
<tr><td></td><td colspan="3"></td><td></td><td></td></tr>
<tr><td></td><td colspan="3"></td><td></td><td></td></tr>
<tr><td></td><td colspan="3"></td><td></td><td></td></tr>
<tr><td></td><td colspan="3"></td><td></td><td></td></tr>
<tr><td></td><td colspan="3"></td><td></td><td></td></tr>
<tr><td></td><td colspan="3"></td><td></td><td></td></tr>
<tr><td></td><td colspan="3"></td><td></td><td></td></tr>
</table>

制表人：　　　　审核人：

二、制订检测计划

梳理与分析《水质　阴离子表面活性剂的测定　亚甲蓝分光光度法》（GB 7494—87）标准，完成下列题目，并制订检测计划。

1. 请阅读标准，列出检测过程中所需要使用的试剂与材料，填写表 2-2-3。

表 2-2-3　　试剂与材料清单

序号	名称	规格	是否需要配制

2. 在上述试剂与材料清单中，部分试剂需要配制，应如何配制？填写表 2-2-4。

表 2-2-4　　试剂配制清单

序号	名称	浓度	配制量	配制方法

3. 阅读标准，请列举检测过程中需要的仪器设备，填写表 2-2-5。

表 2-2-5　　仪器设备清单

序号	名称	规格/型号	数量	用途

4. 请制订检测计划，填写表 2-2-6。

表 2-2-6 检测计划表

<table>
<tr><td colspan="4">检测计划表</td></tr>
<tr><td>检测完成日期</td><td colspan="3"></td></tr>
<tr><td>样品编号</td><td colspan="2">检测项目</td><td>检测依据</td></tr>
<tr><td></td><td colspan="2"></td><td></td></tr>
<tr><td></td><td colspan="2"></td><td></td></tr>
<tr><td></td><td colspan="2"></td><td></td></tr>
<tr><td colspan="4">检测物品清单（试剂与材料、仪器设备等）</td></tr>
<tr><td>序号</td><td>物品</td><td>数量</td><td>备注</td></tr>
<tr><td></td><td></td><td></td><td></td></tr>
<tr><td></td><td></td><td></td><td></td></tr>
<tr><td></td><td></td><td></td><td></td></tr>
<tr><td></td><td></td><td></td><td></td></tr>
<tr><td></td><td></td><td></td><td></td></tr>
<tr><td></td><td></td><td></td><td></td></tr>
<tr><td></td><td></td><td></td><td></td></tr>
<tr><td></td><td></td><td></td><td></td></tr>
<tr><td rowspan="2">主要步骤</td><td colspan="2">工作描述</td><td>工作时长</td></tr>
<tr><td colspan="2"></td><td></td></tr>
</table>

制表人： 审核人：

参考性评价

学习环节	一级指标	二级指标	评价说明	配分	自评 ___%	互评 ___%	师评 ___%	评价指标
制订计划	监测点位布控	监测点位布控正确，采样频次及方式选择正确	监测点位设置规则选择正确	2				专业能力 职业素养
			采样频次填写正确，不准或漏项每处扣 0.5 分，直至扣完	3				
			监测点位布控、采样频次及方式选择符合标准要求	9				
	采样工具选择	采样工具选择正确	水质样品采集器选择正确	2				
			采集和存放样品的容器选择正确	2				
			采样工具名称、材质填写正确	2				
	采集样品步骤书写	采集样品步骤符合标准要求	顺序不对不得分	7				
	甲醛的作用书写	甲醛的作用书写正确	甲醛的作用书写正确	2				
	水质变化的原因选择	水质变化的原因选择正确	选择错误扣 2 分	2				
	水样保存及运输方式书写	水样的保存与运输方式符合标准要求	内容不准或漏项，每处扣 1 分；顺序错误每处扣 2 分，直至扣完	4				

续表

学习环节	一级指标	二级指标	评价说明	配分	自评 ____%	互评 ____%	师评 ____%	评价指标
制订计划	采样计划表书写	采样计划制订规范合理，满足任务需求	人员安排及分工合理，得3分； 时间安排合理，得3分； 采样路线设计合理，得3分； 水质类型及监测因子书写正确，得2分； 采样物品清单罗列完整、正确，共14分，不准或漏项每处扣1分； 识别不出书写内容，每处扣1分	25				综合职业能力
	试剂与材料、仪器设备清单书写	试剂、材料清单满足任务要求	试剂、材料清单列举正确齐全，不准、漏项或多项每处扣1分	5				专业能力 职业素养
			溶液配制种类齐全，配制方法正确，漏项每处扣2分，不准每处扣1分	8				
		仪器设备清单满足任务清单	仪器设备清单列举齐全，不准或漏项每处扣1分，直至扣完	7				

续表

学习环节	一级指标	二级指标	评价说明	配分	自评 ____%	互评 ____%	师评 ____%	评价指标
制订计划	检测计划表书写	检测计划制订规范合理，满足任务需求	检测项目、检测依据填写正确，得 2 分； 检测物品清单罗列完整、正确，得 3 分； 检测步骤共 10 分，内容不准或漏项每处扣 1 分，顺序错误每处扣 2 分； 工作时长满足服务周期要求，得 5 分	20				综合职业能力
合计				100				

请你根据上述评价表的得分情况，从职业道德、专业知识、技术技能等职业综合素质和行动能力方面进行评述，分析自己的优势和不足，并对不足之处提出改进措施。
备注：

学习环节三　实施计划

1. 能团队合作规范完成样品采集、保存和运输；
2. 能安全使用甲醇、甲醛、氯仿、氢氧化钠、硫酸等危险化学品；
3. 能熟练使用分液漏斗完成样品前处理；
4. 能按照《水质　阴离子表面活性剂的测定　亚甲蓝分光光度法》（GB 7494—87），安全规范地完成生活污水中阴离子表面活性剂含量的测定；
5. 能按照修约法则对检测结果进行计算与修约；
6. 能严格执行“6S”管理规定，并按《中华人民共和国环境保护法》和《中华人民共和国固体废物污染环境防治法》处理废物；
7. 培养精益求精、执着专注的工匠精神，爱岗敬业的劳模精神，提升安全环保意识等职业素养。

建议学时：36

一、采集样品

1. 危险化学品有严格的使用规定，根据甲醇SDS和甲醛SDS，回答以下问题：

（1）甲醇的化学式为________，属第________类危险化学品，是________、________液体，外观性状为________、________液体，有________气味，可经________、________、________吸收。

（2）甲醇有哪些危害性？

(3) 遇到甲醇触及身体或中毒，应该如何急救？

(4) 甲醇的燃烧危险性如何？会产生哪些燃烧产物？如遇甲醇燃烧，可以进行哪些消防措施？甲醇燃烧可以用哪种灭火器灭火？

(5) 甲醇应如何安全使用与储存？

(6) 甲醛分子式为________，体积分数35%~40%的甲醛溶液又称________。甲醛是________、具有________和________气味的气体，易溶于________和________，主要用途为____。可通过________、________、________吸收。

(7) 用甲醛作为保存剂时，若皮肤接触，则应采取____措施；若眼睛接触，则应采取____措施；若吸入，则应采取____措施；若食入，则应采取____措施。

2. 领取甲醇、甲醛（危险化学品），填写危险化学品领用登记表 2-3-1、表 2-3-2。

表 2-3-1 危险化学品领用登记表

试剂名称					试剂规格				
出库日期	出库数量	领用人		回库日期	回库数量	使用量	签发人签字		备注

表 2-3-2 危险化学品领用登记表

试剂名称					试剂规格				
出库日期	出库数量	领用人		回库日期	回库数量	使用量	签发人签字		备注

3. 依据采样计划及《污水监测技术规范》（HJ 91. 1—2019），填写表 2-3-3。

表 2-3-3 采样物品表

序号	名称	数量	作用	是否已有	备注

4. 依据《水质 样品的保存和管理技术规定》（HJ 493—2009），参考《水质 阴离子表面活性剂的测定 亚甲蓝分光光度法》（GB 7494—87）要求，选择本次任务所

用样品容器和采样器的洗涤方法。

5. 本次任务所使用的样品容器为什么最后要用甲醇进行清洗，如果不用甲醇清洗会对结果有什么影响呢？（爱岗敬业的劳模精神）

6. 某同学采集平行样品时，采完一瓶再采一瓶，这种做法是否正确？如不正确，该如何采集？

7. 采样过程中可能存在污染，以下哪种情况可能会存在污染：________________。

①在采样容器和采样设备中残留的前一次样品的污染。

②来自采样点位的污染。

③采样绳（或链）上残留水的污染。

④保存样品的容器的污染。

⑤灰尘和水对样品容器瓶盖及瓶口的污染。

⑥手、手套和采样操作的污染。

⑦采样设备内部燃烧排放的废气的污染。

⑧固定剂中杂质的污染。

8. 请查阅《水质 阴离子表面活性剂的测定 亚甲蓝分光光度法》（GB 7494—87），如何确定加入固定剂甲醛溶液的量？若采集了 500 mL 水样，应该加入多少量的甲醛溶液？

9. 一般情况下，水样标签内容应包括________、________、________、________、________、________、________。

10. 下列有关水样标签的填写与粘贴的说法，错误的是（ ）。

A. 标签内容应符合事实，不能随意编造

B. 标签应用不褪色的墨水填写

C. 对于未知的特殊水样以及危险或潜在危险物质如酸，可不用标记，将现场水样情况作详细描述

D. 标签填写完后牢固地粘贴于盛装水样的容器外壁上

11. 请按标签填写原则，规范填写样品标签。

<table>
<tr><td colspan="2" align="center">样品标签</td></tr>
<tr><td colspan="2">采样目的：________________</td></tr>
<tr><td>样品编号：________</td><td>监测点数目：________</td></tr>
<tr><td>采样位置：________</td><td>采样时间：________</td></tr>
<tr><td>采样人员：________</td><td>固定剂的加入量：________</td></tr>
<tr><td colspan="2">危险特性：________________</td></tr>
<tr><td colspan="2">备注：________________</td></tr>
<tr><td colspan="2">样品状态：　　待检□　在检□　已检□　留样□</td></tr>
</table>

12. 请规范填写采样原始记录单。

采样原始记录单

编号：GHJC-CYJL-2022-002

<table>
<tr><td>委托单位名称</td><td colspan="2"></td><td colspan="2">水质类别</td><td></td><td colspan="3">采样日期</td><td></td></tr>
<tr><td>环境湿度（%）</td><td colspan="2"></td><td colspan="2">大气压（Pa）</td><td></td><td colspan="3">环境温度（℃）</td><td></td></tr>
<tr><td>采样方法</td><td colspan="9">□《污水监测技术规范》（HJ 91.1—2019）　□《地表水和污水监测技术规范》（HJ/T 91—2002）
□《地下水环境监测技术规范》（HJ 164—2020）　□《医疗机构水污染物排放标准》（GB 18466—2005）</td></tr>
<tr><td rowspan="2">采样点位置
环境描述</td><td rowspan="2">采样时间</td><td rowspan="2">采样点深度
（m）</td><td rowspan="2">采样点水温
（℃）</td><td rowspan="2">采样体积
（L）</td><td rowspan="2">分析项目</td><td colspan="3">水质物理性状</td><td rowspan="2">样品编号</td></tr>
<tr><td>透明度</td><td>颜色</td><td>气味</td></tr>
<tr><td></td><td></td><td></td><td></td><td></td><td></td><td></td><td></td><td></td><td></td></tr>
<tr><td></td><td></td><td></td><td></td><td></td><td></td><td></td><td></td><td></td><td></td></tr>
<tr><td></td><td></td><td></td><td></td><td></td><td></td><td></td><td></td><td></td><td></td></tr>
<tr><td></td><td></td><td></td><td></td><td></td><td></td><td></td><td></td><td></td><td></td></tr>
<tr><td></td><td></td><td></td><td></td><td></td><td></td><td></td><td></td><td></td><td></td></tr>
<tr><td></td><td></td><td></td><td></td><td></td><td></td><td></td><td></td><td></td><td></td></tr>
</table>

采样人：　　　　复核人：　　　　受检方签字：

13. 采样过程中产生的废物有哪些？应如何处理？填写表 2-3-4。

表 2-3-4　　废物处理表

序号	废物名称	废物的处理方式	如果处理不当会产生的危害
1			
2			
3			
4			
5			

14. 污水样品已采集好并运输回来，现在需要将其与样品室进行交接。请与小伙伴合作，两人一组，完成交接过程。

15. 请按照交接样品流程，与样品管理人员完成交接，并填写样品交接单。

样品交接单

序号	委托编号	样品编号	样品类别	收样日期	样品检查			交样人	接收人	样品留存	处置日期	处置人
					时效性	完整性	保存条件					
1										□是 □否		
2										□是 □否		
3										□是 □否		
4										□是 □否		
5										□是 □否		
6										□是 □否		
7										□是 □否		
8										□是 □否		
9										□是 □否		
10										□是 □否		
11										□是 □否		
12										□是 □否		

16. 除交接样品外，请填写采样物品交接表 2-3-5。

表 2-3-5　　采样物品交接表

序号	名称	是否需要交接	备注

17. 核对样品编号、数量、状态，填写检测任务下达单。

检测任务下达单

编号：GHJC-JCXD-2022-002

样品名称		样品数量		样品来源	□采样 □送样
采/样送日期		样品交接人		样品存放状态	□室温 □冷藏 □冷冻
接样日期		任务下达时间		任务完成时间	
检测项目分配					
样品编号	样品描述	理化	无机	有机	微生物
		□色度 □浑浊度 □气味 □pH □总硬度	□铜 □铅 □锰 □铁 □氯化物 □硫酸盐	□化学需氧量 □挥发酚 □总有机碳 □生化需氧量 □总需氧量 □亚硝酸盐氮 □硝酸盐氮 □氨氮	□菌落总数 □大肠杆菌 □耐热大肠菌群 □总大肠菌群
		接收人	接收人	接收人	接收人

二、检测样品

1. 依据三氯甲烷的SDS，查阅总结以下信息：

（1）三氯甲烷领取时，应由双人以________用量领取，如有剩余应________。

（2）三氯甲烷又名________，外观为________液体，极易________，有________气味。

（3）三氯甲烷不溶于________，溶于________。

（4）归纳其危险性、急救措施、消防措施、泄漏处置措施、操作处置与储存方式。

危险性：

急救措施：

消防措施：

泄漏处置措施：

操作处置与储存方式：

2. 本次任务中玻璃仪器应该如何清洗？

3. 请按照《水质　阴离子表面活性剂的测定　亚甲蓝分光光度法》（GB 7494—87）要求，规范完成常用试剂配制，记录原始数据，填写表 2-3-6。

表 2-3-6　　试剂配制原始数据记录

序号	名称	浓度	原始数据记录（m、V）
1			$m=$ $V=$
2			$V_{浓}=$ $V_{水}=$
3			$m=$ $V=$
4			$m=$ $V=$
5			$m=$ $V=$
6			$m=$ $V=$

4. 请按照《水质　阴离子表面活性剂的测定　亚甲蓝分光光度法》（GB 7494—87）要求，配制标准使用溶液，填写表 2-3-7。

表 2-3-7　　标准使用溶液配制表

浓度	水的体积（mL）	直链烷基磺酸钠中间溶液体积（mL）

5. 生活污水中阴离子表面活性剂的含量很低，检测时可取________ mL 样品体积进行测定；如果阴离子表面活性剂（MBAS）质量浓度在 2.0~10 mg/L，取______ mL 样品体积进行测定；如果 MBAS 质量浓度在 10~20 mg/L，取________ mL 样品体积进行测定；如果 MBAS 质量浓度在 20~40 mg/L，取________ mL 样品体积进行测定。

6. 本实验中要用酚酞指示剂调节水样的 pH，酚酞的变色范围是多少，为什么要调节 pH？

7. 查阅资料，练习分液漏斗的使用并完成萃取过程，回答下列问题。

（1）查阅资料，总结萃取的原理是什么？

（2）查阅资料，总结分液漏斗应如何进行查漏？

（3）查阅资料，总结分液漏斗应如何规范使用？有哪些注意事项？

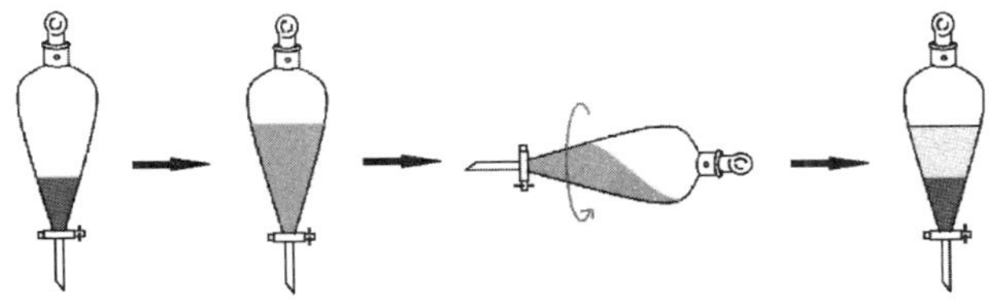

（4）振荡过程中为什么要放气？

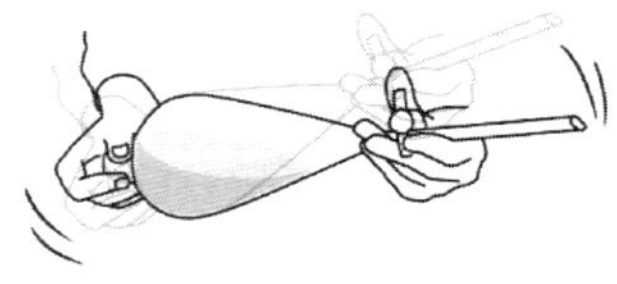

振摇

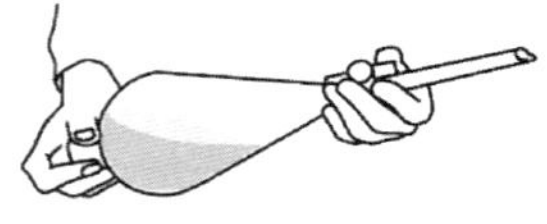

放气

（5）如何保证萃取完全？

（6）做平行样时如何保证每次振荡的频率一致？

（7）本次任务要收集分液漏斗哪层液体，为什么？如何操作？

（8）使用分液漏斗进行分液时，正确的操作是（　　）。

A. 上层液体从漏斗下口放出

B. 分离液体时，将漏斗拿在手上进行分离

C. 分离液体时，应先将分液漏斗颈的玻璃塞打开，或使塞上的凹槽（或小孔）对准分液漏斗上的小孔

D. 若分液时不小心有少量上层液体流下来，补救措施是用滴管将其从烧杯中吸出

（9）查阅资料，写出什么是乳化现象？

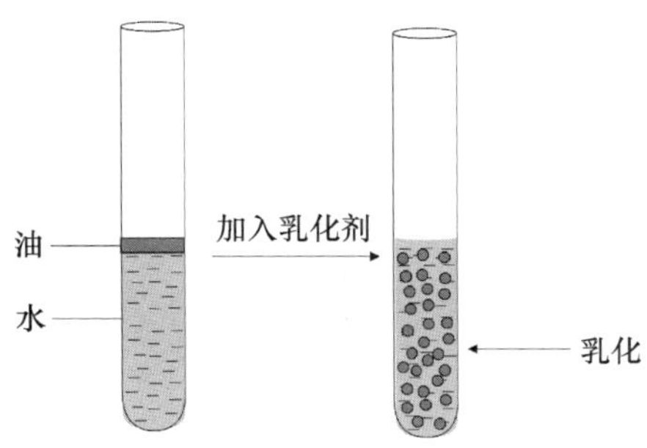

（10）样品处理过程中如何避免乳化现象？

（11）如果出现了乳化现象，该怎么处理？

（12）写出脱脂棉的作用及清洗方法，如何判断脱脂棉已经清洗干净？

（13）洗涤液的作用是什么？

（14）如果水样中的 MBAS 浓度超过了预计量，说明亚甲蓝被过量的阴离子表面活性剂完全反应掉，就会出现水相中蓝色变淡或消失的现象。如果出现这种现象，该如何操作？

（15）如果在分液过程中出现了漏液现象，该如何处理？

（16）为什么用氯仿清洗比色皿？

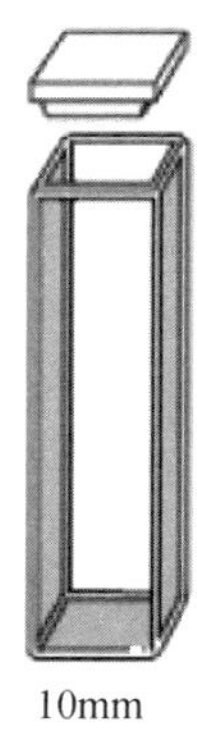

（17）回忆紫外分光光度计的使用，请按正确步骤排序：________________。

①使用装有蒸馏水的吸收池调零后放入样品和参比样进行测试，并记录测试结果。

②仪器自动校准或手动校准。

③打开样品室盖，检查样品室中是否放置遮光物，若有一并取出。打开电源开关，仪器进入预热状态，预热 20 min。

④调节波长旋钮或输入实验所需的波长，选择单色光波长。

⑤打开电源开关，仪器完成自检。

⑥测量完毕，取出吸收池，清洗并晾干后入盒保存。关闭电源，拔下电源插头，在样品室内放入干燥剂，盖上样品室盖，罩上防尘罩。

（18）绘制标准曲线，写出标准曲线方程、线性回归系数。

（19）以下关于质控样的说法，错误的是（　　）。

A. 质控样通常是将已知量的待测样品加入介质中配制而成，用于质量控制，检测仪器的曲线是否标准可用

B. 质控样是一个已知浓度的样品且浓度没有任何误差

C. 质控样主要用来检查和校正在用的仪器曲线

D. 质控样可用于工作方法验证、实验分析人员的能力考核

8. 请规范填写阴离子表面活性剂检测原始记录单。

阴离子表面活性剂检测原始记录单

编号：GHJC-JCJL-2022-002

<table>
<tr><td>检测项目</td><td></td><td>接样日期</td><td></td><td>检测日期</td><td colspan="2"></td><td colspan="2">质控信息</td></tr>
<tr><td rowspan="2">样品类别</td><td rowspan="2"></td><td rowspan="2">环境温湿度</td><td rowspan="2">___℃ ___%</td><td rowspan="2">空白 A_0</td><td>A_{01} =</td><td rowspan="2">A_0 =</td><td>质控样编号</td><td></td></tr>
<tr><td>A_{02} =</td><td>质控样来源</td><td></td></tr>
<tr><td rowspan="2">检测依据</td><td colspan="3" rowspan="2"></td><td rowspan="2">检出限</td><td colspan="2" rowspan="2"></td><td>标准值浓度</td><td></td></tr>
<tr><td>结果评价</td><td></td></tr>
<tr><td rowspan="5">主要仪器设备（型号/编号）</td><td colspan="2" rowspan="5">分光光度计________
其　　他________</td><td colspan="4" rowspan="3">比色皿________mm　波长________nm</td><td colspan="2">单点校正</td></tr>
<tr><td>浓度（μg）</td><td></td></tr>
<tr><td>计算浓度（μg）</td><td></td></tr>
<tr><td rowspan="2">计算公式</td><td colspan="3" rowspan="2"></td><td>吸光度</td><td></td></tr>
<tr><td>相对偏差</td><td></td></tr>
<tr><td rowspan="4">主要实验过程</td><td colspan="6" rowspan="4"></td><td colspan="2">曲线信息</td></tr>
<tr><td>绘制日期</td><td></td></tr>
<tr><td>曲线方程</td><td></td></tr>
<tr><td>相关系数 r</td><td></td></tr>
<tr><td>序号</td><td>样品编号</td><td>稀释倍数 d</td><td>取样体积 V（mL）</td><td>吸光度 A</td><td colspan="2">质量 m（μg）</td><td>结果 X（mg/L）</td><td>平均值（mg/L）</td></tr>
<tr><td></td><td></td><td></td><td></td><td></td><td colspan="2"></td><td></td><td></td></tr>
<tr><td></td><td></td><td></td><td></td><td></td><td colspan="2"></td><td></td><td></td></tr>
<tr><td></td><td></td><td></td><td></td><td></td><td colspan="2"></td><td></td><td></td></tr>
</table>

检测员：　　　　　　　　　　校核人：

9. 在实际检测中，阴离子表面活性剂的结果应该保留________位小数，是否与《水质 阴离子表面活性剂的测定 亚甲蓝分光光度法》（GB 7494—87）标准要求一致？为什么？

10. 空白实验中每 10 mm 光程的吸光度不应超过________，否则应仔细检查设备和试剂是否有污染。若超过，则出现污染的原因可能是____。

11. 查阅资料，讨论如何判断质控样测试结果是否合格？若不合格，如何处理？

12. 查阅《中华人民共和国环境保护法》和《中华人民共和国固体废物污染环境防治法》，说明本次任务产生的废物名称、处理方式及危害，填写表 2-3-8。

表 2-3-8 废物处理表

序号	废物名称	废物的处理方式	如果处理不当会产生的危害
1			
2			

参考性评价

学习环节	一级指标	二级指标	评价说明	配分	自评 ____%	互评 ____%	师评 ____%	评价指标
实施计划	采样物品准备	甲醇和甲醛使用规范	甲醇和甲醛 SDS 填写正确，内容不准或漏项每处扣 0.5 分，直至扣完	5				专业能力 职业素养
			甲醇危害性书写正确	2				
			甲醇急救措施书写准确	2				
			甲醇的燃烧危险性、燃烧产物、消防措施书写正确，灭火器选择正确，内容不准或漏项不得分	2				
			甲醇安全使用与储存书写正确	2				
			甲醛基础知识填写正确，内容不准或漏项每处扣 0.5 分，直至扣完	5				
			甲醛应急处理措施填写正确，内容不准或漏项每处扣 1 分，直至扣完	3				
			危险化学品领用登记表填写正确，内容不准或漏项每处扣 0.5 分，直至扣完	2				

续表

学习环节	一级指标	二级指标	评价说明	配分	自评 ___%	互评 ___%	师评 ___%	评价指标
实施计划	采样物品准备	采样物品准备齐全	采样工具及辅助用具领取齐全，得2分，每少一个扣0.5分，直至扣完； 采样工具及辅助用具状态确认良好，能够满足使用，得2分，每错判一个扣0.5分，直至扣完	4				专业能力 职业素养
			样品容器和采样器的洗涤方法描述正确，洗涤方法描述不正确不得分	2				
	样品采集	采样相关知识书写正确	未用甲醇清洗样品容器，扣1分； 未在上风口采样，扣1分； 现场平行样品采集不符合采样要求，扣1分； 全程序空白样品采集不符合采样要求，扣1分； 控制水样污染措施错误，扣1分； 未在关键点拍摄记录，扣1分； 废弃物处理不符合国家要求，扣1分	7				

续表

学习环节	一级指标	二级指标	评价说明	配分	自评 ____%	互评 ____%	师评 ____%	评价指标
实施计划	样品采集	采样相关知识书写正确	甲醇清洗的原因及影响描述正确，原因描述不正确扣 1 分，影响描述不正确扣 1 分	2				专业能力 职业素养
			平行样品采集方法描述正确，判断错误不得分，方法描述不正确扣 1 分	2				
			采样污染原因选择正确	1				
	固定剂加入	固定剂加入正确	固定剂加入量正确	1				
			固定剂甲醛溶液的加入量依据书写错误，扣 1 分； 固定剂甲醛溶液的加入量书写错误，扣 1 分	2				
	水样标签填写与粘贴	水样标签填写与粘贴正确	水样标签内容填写正确，漏项或错项每处扣 0.5 分，直至扣完	2				
			标签填写与粘贴选择正确	1				
			水样标签内容填写准确，不准或漏项每处扣 0.5 分，直至扣完	2				

续表

学习环节	一级指标	二级指标	评价说明	配分	自评 ___%	互评 ___%	师评 ___%	评价指标
实施计划	水质采样原始记录填写	水质采样原始记录填写内容准确、规范	受检单位、水源种类、采样日期、环境湿度、大气压、环境温度填写正确，不准或漏项每处扣 1 分，直至 6 分扣完； 采样方法选择正确，得 1 分； 采样点深度、采样点水温、采样体积填写准确，不准或漏项每处扣 0.5 分，直至 2 分扣完； 水质物理性状描述准确，不准或漏项每处扣 1 分，直至 2 分扣完； 有涂改、划痕每处扣 1 分，直至扣完	10				综合职业能力
	废物处理	废物处理方式正确	采样过程中废物处理方式及不处理的危害书写正确，如有任一漏项或不准，本题不得分	7				职业素养
	水样流转	水样交接	水样核对准确，未核对或不准确每处扣 1 分； 样品交接单内容不准或漏项每处扣 0.5 分； 采样物品交接符合任务要求，交接错误每次扣 1 分，直至扣完； 危化品归还方式选择正确，得 1 分； 样品流转确认信息填写正确，不准或漏项每处扣 0.5 分	5				岗位责任意识 专业能力

续表

学习环节	一级指标	二级指标	评价说明	配分	自评 ___%	互评 ___%	师评 ___%	评价指标
实施计划	水样流转	检测任务下达单	内容不准或漏项每处扣 0.5 分，直至扣完	5				岗位责任意识 专业能力
	三氯甲烷领取	三氯甲烷危险性、急救措施、泄露处置措施、操作处置与储存方式提取正确	三氯甲烷理化性质、危险性、急救措施、泄露处置措施、操作处置与储存方式提取正确，不准或漏项每处扣 0.5 分	3				
	玻璃仪器洗涤	玻璃仪器洗涤步骤操作正确	玻璃仪器洗涤步骤漏一项操作扣 1 分； 洗涤结束后液体不能成股流下扣 1 分	4				
		玻璃仪器洗涤步骤书写正确	玻璃仪器洗涤步骤书写正确	1				
	试剂配制	溶液配制符合标准要求	配制量、试剂用量合理，得 6 分； 标准溶液浓度偏差≤5%，未在范围内此项不得分	6				
			常用试剂配制体积与质量填写准确，不正确或未提取每处扣 0.5 分，直至扣完	3				

续表

学习环节	一级指标	二级指标	评价说明	配分	自评 ___%	互评 ___%	师评 ___%	评价指标
实施计划	试剂配制	溶液配制符合标准要求	标准使用溶液浓度、水的体积、直链烷基苯磺酸钠中间溶液填写准确，不正确或未提取每处扣 0.5 分，直至扣完	5				综合职业能力 职业素养
	检测原理书写	水样体积填写正确	水样体积填写正确，不准或漏项每处扣 1 分	4				
		调节 pH 步骤正确	未提前滴加酚酞指示剂扣 1 分； 先加硫酸扣 1 分	2				
		调节 pH 原因填写正确	调节 pH 原因填写正确	2				
	分液漏斗使用	分液漏斗使用规范	分液漏斗未查漏扣 2 分； 未关闭分液漏斗旋塞扣 1 分； 未倒立检查盖子是否漏水扣 1 分； 未将盖子旋转 180 度倒立检查是否漏水扣 1 分	5				
			正确使用分液漏斗步骤 6 分，漏项每处扣 1 分； 未涂抹凡士林或涂抹太厚扣 1 分； 检漏操作不当扣 1 分； 过量放液扣 1 分； 分液时未将盖子缺口处对准漏斗口侧面缺口或未拔盖子扣 1 分	10				

续表

学习环节	一级指标	二级指标	评价说明	配分	自评 ___%	互评 ___%	师评 ___%	评价指标
实施计划	分液漏斗使用	分液漏斗使用规范	振荡频率、时间、次数、力度不一致每处扣1分	4				综合职业能力 职业素养
			液体层收集不正确扣2分	2				
			萃取原理描述正确，描述不准或漏项每处扣1分，直至扣完	3				
			分液漏斗查漏方法正确，描述不准或漏项每处扣1分，直至扣完	4				
			分液漏斗使用及注意事项描述正确，不准或漏项每处扣0.5分，直至扣完	5				
			分液漏斗使用选择正确得1分，错误不得分	2				
			振荡放气理由描述正确，不准或漏项每处扣1分，直至扣完	2				
			萃取完全描述不准不得分	1				
			保证萃取频率一致，描述不准或漏项每处扣0.5分，直至扣完	2				
			液体收集描述正确，操作方法书写正确，不准或漏项每处扣0.5分，直至扣完	2				
			分液操作选择正确，1分	1				

续表

学习环节	一级指标	二级指标	评价说明	配分	自评 ___%	互评 ___%	师评 ___%	评价指标
实施计划	乳化现象处理	乳化现象定义、避免方法、脱脂棉的清洗方式、洗涤液作用书写正确	未处理乳化现象不得分	1				综合职业能力 职业素养
			未清洗脱脂棉不得分	1				
			乳化现象定义提取正确	2				
			避免乳化现象的方法描述准确	1				
			乳化现象处理方法正确	1				
			脱脂棉清洗方法正确	1				
			洗涤液作用描述正确	1				
	检测样品	规范完成样品检测	蓝色消失后未重新取少量试样测定不得分	2				
			漏液后未重新取样测定不得分	2				
			未用氯仿清洗比色皿不得分	2				
			紫外分光光度计的使用步骤6分，漏项每处扣1分，顺序错误不得分	6				
			相关系数 $r^2 \leqslant 0.99$ 不得分	2				
			未检测质控样不得分	2				
			亚甲蓝被反应掉的操作方法书写正确	1				

续表

学习环节	一级指标	二级指标	评价说明	配分	自评 ___%	互评 ___%	师评 ___%	评价指标
实施计划	检测样品	规范完成样品检测	漏液处理方法书写不准或漏项不得分	2				综合职业能力 职业素养
			氯仿清洗比色皿的原因书写不准不得分	1				
			紫外分光光度计的使用步骤排序正确	2				
			标准曲线绘制正确，标准曲线方程、线性回归系数提取正确，不准或漏项每处扣1分，直至扣完	3				
			质控样的定义选择正确	1				
	检测原始记录单填写	检测原始记录单填写内容准确、规范	内容填写准确，不准或漏项每处扣1分； 有涂改、划痕每处扣1分，直至扣完； 有效数字修约正确，得1分； 空白试验符合检测要求，得1分； 精密度，平行样偏差小于10%，得1分； 准确度，质控样合格，得1分； 计算正确，得1分，计算错误此条目不得分	10				

续表

学习环节	一级指标	二级指标	评价说明	配分	自评 ___%	互评 ___%	师评 ___%	评价指标
实施计划	检测结果计算	结果计算与表示符合标准要求	保留位数填写正确，得 0.5 分； 原因分析正确，得 0.5 分； 污染的原因分析正确，得 1 分； 质控样测试结果是否合格判断正确，得 0.5 分； 不合格的处理方法得当，得 0.5 分	3				综合职业能力 职业素养
	安全环保	废物处理	含三氯甲烷废液处理符合国家要求； 废纸不乱丢，未做到每处扣 1 分	2				安全意识
	6S 管理	规范整理实验台面	实验用玻璃仪器清洗，实验药品摆放规范，实验台面的清整规范，用布擦净台面，未做到每次扣 0.5 分，直至扣完	2				
合计				200				

请你根据上述评价表的得分情况，从职业道德、专业知识、技术技能等职业综合素质和行动能力方面进行评述，分析自己的优势和不足，并对不足之处提出改进措施。
备注：

学习环节四　验收交付

1. 能依据任务委托单、原始记录等技术记录，出具检测报告；
2. 培养爱岗敬业的劳模精神、诚实劳动的劳动精神。

建议学时：4

1. 检测结束后，委托单、监测方案、采样原始记录由填写人直接移交报告室。（　　）

2. 任务下达单、检测原始记录由检测人员移交给报告室，供编制检测报告时使用。（　　）

3. 通常由报告审核员负责检测结果合理性以及异常数据的审核。任何检测对象都不是孤立存在的，同一检测对象多个检测参数间往往有一定的相关性，其污染状况通常与气象因素、地质环境、历史条件、生产工艺甚至特定的污染事故息息相关。（　　）

4. 查阅相关环境质量标准和污染排放/控制标准资料，生活污水中阴离子表面活性剂含量的最高允许排放浓度是多少，本次监测结果是否符合要求？

5. 检测报告中的原始数据可以先用草稿纸记录，再整齐地抄写在原始记录单和检测报告中，但必须保证是真实的。（ ）

6. 检验报告必须有报告编制人、报告审核人、授权签字人三级审核才有效。（ ）

7. 检测报告和原始记录保存期不少于 3 年。（ ）

8. 检测报告送达客户后，留存的报告副本，需要同委托单、监测方案、采样原始记录、采样任务下达单、检测任务下达单、检测原始记录、报告审核记录等技术记录交给管理员进行归档。（ ）

9. 请依据相关材料，出具检测报告。

分析测试中心

检 测 报 告 书

检品名称：________________

委托单位：________________

报告日期　　年　　月　　日

分析测试中心

检测报告

报告编号：GHJC-JCBG-2022-002　　　　　　　　　　　　　　第　页共　页

委托编号	GHJC-WT-2022-002	检测日期	
委托单位		采样日期	
受检单位		检测项目	
受检地址			
检测依据/检测方法			
检测仪器/编号			
受检设备信息			
检测位置		环境条件	
检测结果			
检测项目	计量单位	数值	
阴离子表面活性剂浓度			
备注：			

编制：　　　　　　　　　　　　　　　　　　　审核：

批准：　　　　　　　　　　　　　　　　　　　签发日期：　　年　　月　　日

注意：报告书包括封面、首页、正文（附页）、封底，并盖有计量认证章、检测章和骑缝章。

参考性评价

学习环节	一级指标	二级指标	评价说明	配分	自评 ____%	互评 ____%	师评 ____%	评价指标
验收交付	技术记录移交	技术记录移交正确	委托单、监测方案、采样原始记录移交正确，若流转至检测人员得0分，任务下达单、检测原始记录移交正确	16				专业能力 思政元素
	检测结果确认	检测结果确认	技术记录移交选择正确，每题3分	9				
			能进行检测数据综合审查，审查错误或未审查得0分	10				
			能判断检测结果是否符合要求，判断不准或未判断得0分	10				
	检测报告出具	检测报告符合中国质量认证（CMA）要求	检测报告内容来自移交的技术记录，有更改、捏造得0分； 有涂改、划痕每处扣1分，直至扣完	30				综合职业能力 职业素养
		检测报告审核程序正确	三级审核程序正确	10				
		检测报告保存期正确	检测报告保存期正确	5				
		技术记录归档符合要求	检测报告副本、委托单、监测方案、采样原始记录、检测任务单、检测原始记录交给管理员归档，未归档得0分，少一个扣2分，直至扣完	10				
合计				100				

<table>
<tr><td>请你根据上述评价表的得分情况，从职业道德、专业知识、技术技能等职业综合素质和行动能力方面进行评述，分析自己的优势和不足，并对不足之处提出改进措施。</td></tr>
<tr><td>备注：</td></tr>
</table>

学习环节五　总结拓展

1. 能对任务成本进行核算，提升成本控制理念；
2. 能写出污水中阴离子表面活性剂样品在采集与测定中的关键技术点；
3. 能小组合作制定洗涤剂厂污水口阴离子表面活性剂的测定方案；
4. 能够描述质量控制的方法；
5. 通过小组讨论，提升沟通表达、团队合作、自我展示的能力。

建议学时：4

一、总结

1. 请小组讨论，回顾整个任务的工作过程，罗列出所使用的试剂耗材，并参考库房管理员提供的价格清单，对本次任务的单个样品使用耗材进行成本核算，填写表2-5-1。

表2-5-1　　成本核算表

序号	试剂名称	规格	单价（元）	使用量	成本（元）
1					
2					
3					
4					
5					
6					
7					

续表

序号	试剂名称	规格	单价（元）	使用量	成本（元）
8					
9					
10					
11					
合计					

2. 工作中，除了试剂耗材成本以外，还有哪些成本？请小组讨论，罗列出至少3条，并写出如何有效地在保证质量的基础上控制成本。

3. 通过本次任务的实践，结合自身实际情况，总结主要操作步骤及关键点，填写表2-5-2。

表2-5-2　　主要操作步骤及关键点汇总表

序号	主要操作步骤	关键点

二、拓展

1. 本次任务中采用的质量控制方法是什么？请查阅资料和文献，总结出化学分析过程中常用的质量控制方法有哪些，以小组为单位进行讲解展示。

2. 请查阅相关资料，小组合作制定洗涤剂厂污水口阴离子表面活性剂的测定方案，并进行展示（主要包括实验所有仪器设备和试剂的配备，水样的采集及检测步骤，注意事项等内容）。

方案名称：________________________________

一、任务目标及依据（概括说明本次任务要达到的目标及相关标准）

二、工作内容安排（列出工作流程、工作要求、仪器设备和试剂、人员及时间安排等）

工作流程	工作要求	仪器设备和试剂	人员	时间安排

三、验收标准（本次任务最终的验收相关标准）

四、安全注意事项及防护措施（对工作过程中安全注意事项及防护措施、废物处理等进行说明）

参考性评价

学习环节	一级指标	二级指标	评价说明	配分	自评 ____%	互评 ____%	师评 ____%	评价指标
总结拓展	成本核算	成本核算准确	试剂耗材成本核算准确，不准或漏项每处扣 1 分，直至扣完	20				综合职业能力 思政元素
			其他成本核算准确，不准或漏项每处扣 1 分，直至扣完	10				
	主要操作步骤和关键点总结	主要操作步骤和关键点总结准确	关键点总结准确，不准或漏项每处扣 3 分，直至扣完	30				
	质量控制方法总结	质量控制方法总结正确	质量控制方法总结正确，不准或漏项每处扣 2 分，直至扣完	10				
	洗涤剂厂污水口阴离子表面活性剂的检测计划	洗涤剂厂污水口阴离子表面活性剂的检测计划符合标准要求	操作步骤符合标准及任务要求，不准或漏项每处扣 2 分，顺序错误每处扣 4 分，直至扣完； 仪器试剂列举齐全，不准或漏项每处扣 2 分，直至扣完	30				
合计				100				

1. **表面活性剂**

(1) 基本概念

表面活性剂是指具有一定性质、结构和界面吸附性能，能显著降低溶剂表面张力或液—液、液—固界面张力的一类物质。

表面活性剂分子中同时具有亲水基团和亲油基团（疏水基团），这种特性也称为“双亲”，如图 2-6-1 所示。由于表面活性剂的这种特性，在适当浓度时，它们在水中能形成胶束：亲水的头部被水吸引朝外，亲油的尾部被水排斥从而朝里。

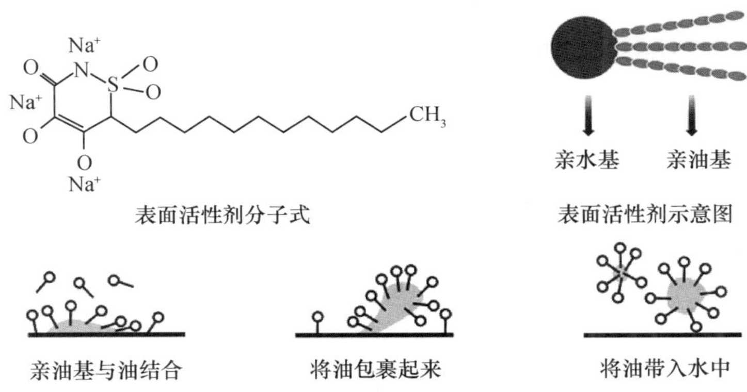

图 2-6-1 表面活性剂结构及作用示意图

(2) 分类

根据极性基团的解离性质，可以将表面活性剂分为阴离子表面活性剂、阳离子表面活性剂和两性离子表面活性剂。

甲物质的加入能降低乙液体的表面张力，则称甲对乙有表面活性。由于水是最常用的溶剂，故通常称有表面活性均是指对水而言的。具有表面活性的物质称为表面活性物质，表面活性剂都是表面活性物质。

表面张力指的是液体表面层由于分子引力不均衡而产生的沿表面作用于任一界线上的张力。

清晨凝聚在叶片上的水滴、水龙头缓缓垂下的水滴，都是在表面张力的作用下形成的。此外，水黾之所以能站在水面上，也是由于表面张力的作用。

1）阴离子表面活性剂。指在水溶液中电离产生带负电荷并呈现表面活性的有机离子的表面活性剂。

①肥皂类。高级脂肪酸的盐，通式为（$RCOO^-$）M。它们均有良好的乳化性能和分散油的能力。

②硫酸化物 $RO-SO_3-M$。主要是硫酸化油和高级脂肪醇硫酸酯类。其乳化性很强，且较稳定，较耐酸和钙镁盐。在药剂学上可与一些高分子阳离子药物产生沉淀，对黏膜有一定刺激性，用作外用软膏的乳化剂，也用于片剂等固体制剂的润湿或增溶。

③磺酸化物 $R-SO_3-M$。属于这类的有脂肪族磺酸化物、烷基芳基磺酸化物和烷基萘磺酸化物。它们的水溶性和耐酸耐钙、镁盐性比硫酸化物稍差，但在酸性溶液中不易水解。

2）阳离子表面活性剂。这类表面活性剂起作用的部分是阳离子，因此称为阳性皂。其分子结构主要部分是一个五价氮原子，所以也称为季铵化合物。其特点是水溶性大，在酸性与碱性溶液中较稳定，具有良好的表面活性作用和杀菌作用。

3）两性离子表面活性剂。这类表面活性剂的分子结构中同时具有正、负电荷基团，在不同 pH 值介质中可表现出阳离子或阴离子表面活性剂的性质：在碱性溶液中呈阴离子表面活性剂的性质，具有很好的起泡、去污作用；在酸性溶液中则呈阳离子表面活性剂的性质，具有很强的杀菌能力。

2. 表面活性剂对水环境的影响

（1）表面活性剂对水体性质的影响

当表面活性剂在水体中的质量浓度达到 1 mg/L 时，可能会出现持久性泡沫，泡沫在水面形成隔离层，减弱了水体与大气间的气体交换，致使水体发臭。另外，对于进入污水处理厂中的污水，当表面活性剂浓度达到一定程度时，会影响曝气、沉淀、污泥消化等过程。饮用水中若含有过多表面活性剂时，会有臭味及油腻感；用含有表面活性剂的水灌溉农田，会使农作物的产量受到严重影响。含表面活性剂废水的大量排放，不仅对降解菌有毒害作用，而且会抑制降解菌在污染物表面的吸附。表面活性剂作为优先基质被降解，会延迟其他污染物的降解，导致水中溶解氧及矿物质的耗竭，尤其是含氮、磷的表面活性剂还会造成水体富营养化。此外，有的表面活性剂在土壤中的吸附会向下迁移而污染地下水，这种潜在危害性也是不容忽视的。

（2）表面活性剂对水生植物的影响

当水体中表面活性剂含量略高时，会影响水体中藻类和其他微生物的生长，导致水体初级生产力下降，从而破坏其中生物的食物链。表面活性剂引起的急性中毒最终会导致细胞膜的通透性增加，使物质外渗，细胞结构逐渐解体，超氧化物歧化酶、过氧化氢酶、过氧化物酶活性及叶绿素含量下降。进一步研究发现，表面活性剂对海洋微藻细胞的攻击点是藻类的细胞膜，在胁迫状态下，表面活性剂使藻类细胞的光合色素组成发生变化，产生大量的脱镁叶绿素，影响藻类的光合效率。

(3) 表面活性剂对水生动物的影响

表面活性剂主要通过动物取食、皮肤渗透等方式进入动物体内。当表面活性剂的浓度过高时，就可以进入动物的鳃、血液、肾、胆囊和肝胰腺，并对它们产生毒性影响。鱼类十分容易通过体表和鳃吸收表面活性剂，并随着血液循环分布到体内各组织和器官。遭受污染的鱼类，通过食物链进入人体，对人体内各种酶产生抑制作用，从而降低人体的免疫力。随着表面活性剂浓度的升高和暴露时间的延长，毒性增强，但同时毒性也存在极限。

综上所述，表面活性剂污染水环境，危害水生生物，影响海洋经济，危及人类健康。因此，对饮用水源、地表水、海洋、生活污水及工业废水等水体中表面活性剂的监测及对表面活性剂排放的控制显得尤为重要。

3. **甲醇**

甲醇是无色透明液体，有刺激性气味，与水互溶，可混溶于醇类、乙醚等多数有机溶剂，其蒸气与空气可形成爆炸性混合物，遇明火能引起燃烧爆炸，与氧化剂接触发生化学反应或引起燃烧；对中枢神经系统有麻醉作用；对视神经和视网膜有特殊选择作用，引起病变，可致代谢性酸中毒；操作时应佩戴过滤式防毒面具（半面罩），戴化学安全防护眼镜，戴橡胶手套；甲醇应储存于阴凉、通风的库房，若皮肤接触则应脱去被污染的衣物，用肥皂水和清水彻底冲洗皮肤；眼睛接触后立即用流动清水或生理盐水冲洗，若吸入体内，应迅速脱离现场至空气新鲜处。

4. **甲醛**

甲醛是无色、具有刺激性和窒息性的气体，储存于阴凉、通风处，应与氧化剂、酸类、碱类分开存放，远离火种、热源，防止阳光直射。甲醛泄漏后应迅速撤离污染区，并进行隔离；若皮肤接触，应立即脱去被污染的衣物，用大量流动清水冲洗；若眼睛接触，应立即提起眼睑，用大量流动清水或生理盐水冲洗；若吸入体内，应迅速脱离现场至空气新鲜处，保持呼吸通畅。

5. **三氯甲烷**

三氯甲烷是无色透明液体，极易挥发，有特殊气味；操作时应在通风橱内进行，防止蒸气泄漏；储存于阴凉、通风的库房，远离火种、热源，储区应备有泄漏应急处理设备和合适的收容材料；吸入或经皮肤吸收可引起急性中毒；若皮肤接触，应立即脱去被污染的衣物，用大量流动清水冲洗；若眼睛接触，应立即提起眼睑，用大量流动清水冲洗；若吸入体内，应迅速脱离现场至空气新鲜处，保持呼吸通畅。

6. **氢氧化钠**

氢氧化钠遇水和水蒸气大量放热，形成腐蚀性溶液，具强腐蚀性、强刺激性，可致人体灼伤，与酸发生中和反应并放热，遇潮时对铝、锌和锡有腐蚀性，并放出易燃易爆的氢气。使用过程中应注意密闭操作，戴橡胶耐酸碱手套，远离易燃、可燃物，避免产生粉尘，避免与酸类接触。稀释或制备溶液时，应把碱加入水中，避免沸腾和飞溅。若皮肤接触，应立即脱去被污染的衣物，用大量流动清水冲洗至少 15 分钟；若眼睛接触，应立即提起眼睑，用大量流动清水或生理盐水彻底冲洗至少 15 分钟；若吸入体内，应立即用水漱口，并饮牛奶或蛋清。

7. **萃取**

（1）基本概念

液—液萃取分离法又称溶剂萃取分离法，简称萃取分离法。这种方法是利用溶质在互不相溶的溶剂里溶解度的不同，用一种溶剂把溶质从另一溶剂所组成的溶液里提取出来的操作方法。将与水不相混溶的有机溶剂同试液一起振荡，这时，一些组分进入有机相中，另一些组分仍留在水相中，从而达到分离富集的目的。

（2）原理

利用化合物在两种互不相溶（或微溶）的溶剂中溶解度或分配系数的不同，使化合物从一种溶剂内转移到另外一种溶剂中。经过反复多次萃取，将绝大部分的化合物提取出来。分配定律是萃取方法理论的主要依据，物质对不同的溶剂有着不同的溶解度。同时，在两种互不相溶的溶剂中，加入某种可溶性的物质时，它能分别溶解于两种溶剂中，实验证明，在一定温度下，该化合物与此两种溶剂不发生分解、电解、缔合和溶剂化等作用时，此化合物在两液层中之比是一个定值。不论所加物质的量是多少，都是如此。

（3）特点

萃取分离法设备简单，操作快速，特别是分离效果好，故应用广泛。缺点是费时，工作量较大，且萃取溶剂常是易挥发、易燃和有毒的物质，所以应用上受到限制。尽管如此，该法的主要特点使其一直受到广泛的重视，至今为止已研究了 94 种元素的溶剂萃取体系。随着科研和生产的发展，该法正以更快的速度继续发展。

（4）常用的萃取仪器

分液漏斗是实验室中最常用的萃取仪器，如图 2-6-2 所示。

1）操作方法

①选取大小合适的分液漏斗。所用分液漏斗的容积应为被萃取溶液与萃取溶剂二者体积总和的 1.5 倍。给漏斗的旋塞涂油，塞好。将分液漏斗安放在漏斗架或铁架台的铁圈上。

②将溶液与萃取溶剂从漏斗口注入，盖好漏斗口上的盖子（盖子不能涂油，盖好后应再旋紧，以防漏液）。

③把分液漏斗倾斜，使漏斗的上口略朝下，然后用力振摇，如图 2-6-3 所示。

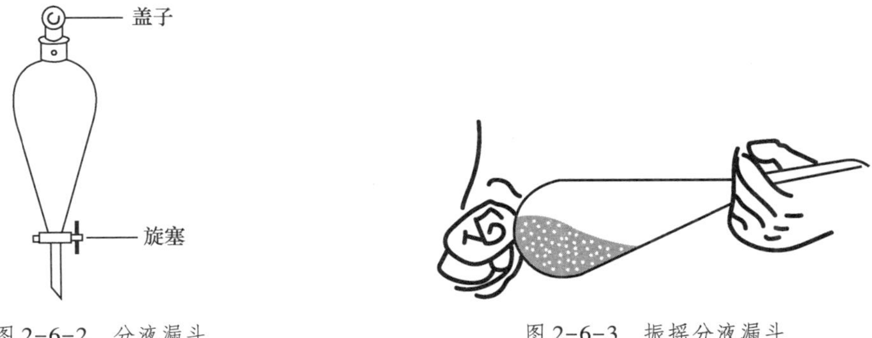

图 2-6-2 分液漏斗　　图 2-6-3 振摇分液漏斗

④振摇后，让分液漏斗仍保持上口朝下的倾斜状态，旋开旋塞，放出蒸汽或者所产生的气体，使分液漏斗内外压力平衡。

⑤待漏斗内液体分成上下两层后，打开盖子，然后将下层液体经旋塞放出，上层液体从上口倒出。注意不要把上层液体从旋塞放出，否则会被附着在漏斗旋塞下面颈部残液污染。

⑥重复萃取操作 3~5 次。

2）查漏

①关闭分液漏斗旋塞，向分液漏斗内注入适量的蒸馏水，观察旋塞的两端以及漏斗的下口处是否漏水。若不漏水，关闭盖子，左手握住旋塞，右手食指摁住盖子，倒立，观察盖子是否漏水，如图 2-6-4 a 所示。

②若不漏水，将分液漏斗正立，将盖子旋转 180°，再次倒立，看是否漏水。若不漏水，则说明此分液漏斗密封性没有问题，如图 2-6-4 b 所示。

分液漏斗的盖子、旋塞与分液漏斗是配套使用的，如不配套，往往漏液。若分液漏斗漏液，可在旋塞涂一点凡士林，将旋塞芯塞进旋塞，旋转数圈使凡士林均匀分布，再在旋塞的凹槽处套上一圈橡皮圈，以防旋塞芯在操作过程中发生松动。

3）使用注意事项

①使用前先检查是否漏液。

②振荡时，双手托住分液漏斗，右手按住盖子，平放，上下振荡。

③放液前，要先打开盖子。

④放液时，记住下层的为密度大的液体，从下面放出；上层的为密度相对小的液体，从上面倒出。

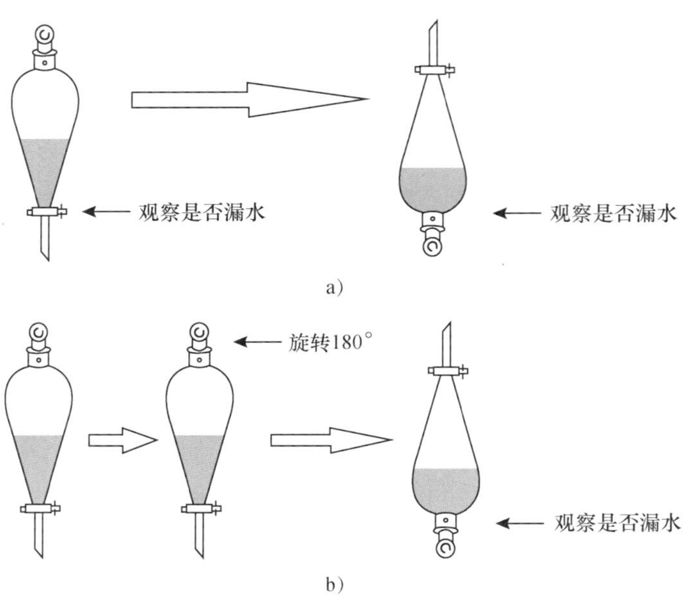

图 2-6-4 分液漏斗查漏

⑤用完后应马上清洗干净。

8. **乳化**

乳化是一种液体以极微小液滴均匀地分散在互不相溶的另一种液体中的作用。乳化是液—液界面现象，两种不相溶的液体，如油与水，在容器中分成两层，密度小的油在上层，密度大的水在下层。若加入适当的表面活性剂，在强烈的搅拌下，油被分散在水中，形成乳状液，该过程叫乳化。

(1) 乳化剂

乳化剂通常是指表面活性剂。在溶剂中加入少量表面活性剂时即可显著降低其表面张力，改变体系界面状态，从而产生润湿、乳化或破乳、分散或凝集、起泡或消泡、增溶等一系列的作用，以满足应用的要求。乳化剂都具有与乳化粒子相互作用的能力，故能以络合的方式加到被保护的粒子上，从而使被保护粒子的电荷和溶剂化物膜增强，体系的稳定性得到提高。乳化剂可以降低两相之间界面张力和形成单分子界面膜使乳状液稳定，它还能形成空间的或静电阻挡层，防止乳化粒子聚集，同样可以使乳状液稳定。界面膜的弹性和体系的黏度是乳状液稳定的重要因素。

(2) 消除乳化现象的方法

如何消除乳化状态，结合实践经验，可以尝试采取以下办法，使乳浊液分层。

1) 如果有机相在上层或有机相在下层但密度较大，可以加入食盐，以增加水相的极性，达到消除乳化的目的。

2）可以用玻璃棒搅拌或摩擦容器壁，减少静电，达到消除乳化的目的。

3）过滤。有时乳化是因为有固体悬浮物存在，一旦过滤后，乳化现象即可消失，达到消除乳化的目的。

4）如果溶液中的有机相为醇、酸之类，其可能由于与水的氢键作用导致乳化，这时可以适当加热升温，减小氢键，消除乳化。

5）可以加入破乳剂，如相转移催化剂，可以达到一定效果。

6）改变有机相与水相的质量比。两相存在遵循杠杆规则，任何一相质量或浓度的改变，都会建立新的平衡，从而消除乳化现象。

7）有时可以在有机相中加入另外的有机相，以改变其极性，消除乳化。如酯与水乳化，可以加入一定量的醚类，减少酯的极性，消除乳化。

9. 比色皿

比色皿的使用不当，不仅会大大降低分光光度计测量结果的准确性，给测量结果带来较大的误差，而且可能会损伤比色皿，缩短其使用寿命。

比色皿的使用注意事项为：

（1）拿比色皿时，手指只能捏住比色皿的毛玻璃面，不要接触比色皿的透光面，以免沾污。

（2）装盛样品时先向比色皿倒入少量的待测样品进行润洗，再加入其余待测样品。以池体的 3/4 为度，透光面要用擦镜纸由上而下擦拭干净，应无溶剂残留。当待测样品浓度梯度较多，建议按浓度由低到高的原则，依次向比色皿加入待测样品。

（3）吸收池放入样品室时应注意方向相同。样品溶液放入仪器测量前应注意消除比色皿壁的气泡，并用镜头纸或柔软的棉布擦拭水珠。吸收池使用后，用擦镜纸或软棉织物擦去水分。

（4）测量挥发性或腐蚀性样品时，吸收池应加盖。

（5）吸收池使用完毕，应立即洗净并用蒸馏水冲洗清洁，并用干净、柔软的绸布或擦镜纸将水迹擦净，以防止表面光洁度破坏影响吸收池的透光率。若吸收池透光内壁沾污，可用柔软绸布滴上酒精液后轻轻摩擦，再用蒸馏水冲洗清洁，擦净晾干后防尘保存。

（6）尽量使用同一比色皿进行标准溶液与样品溶液的测定，以克服不同比色皿本身吸光差异造成的误差；同厚度多个比色皿同时使用时，在进行测试前均应进行校正和检查比色皿是否配套。

项目总体评价

<table>
<tr><th>项次</th><th>项目内容</th><th>建议权重</th><th>综合得分
（各活动加权平均分×权重）</th><th>备注</th></tr>
<tr><td>1</td><td>接受任务</td><td>10%</td><td></td><td></td></tr>
<tr><td>2</td><td>制订计划</td><td>20%</td><td></td><td></td></tr>
<tr><td>3</td><td>实施计划</td><td>45%</td><td></td><td></td></tr>
<tr><td>4</td><td>验收交付</td><td>10%</td><td></td><td></td></tr>
<tr><td>5</td><td>总结拓展</td><td>15%</td><td></td><td></td></tr>
<tr><td colspan="3">合计</td><td></td><td>教师签字：</td></tr>
<tr><td colspan="5">请你根据上述评价表的得分情况，从职业道德、专业知识、技术技能等职业综合素质和行动能力方面进行评述，分析自己的优势和不足，描述对不足之处的改进措施。</td></tr>
<tr><td colspan="5">备注：</td></tr>
</table>

学习任务三

生活污水中动植物油类的采集与测定

任务情景描述

含有大量动植物油的生活污水排入市政管道后，污水中的动植物油会和悬浮物互相吸附包裹，形成油性的淤泥，附着在管壁上，造成管道堵塞。另外，如果流入城市污水处理厂的生活污水中动植物油超标，会影响污水处理厂活性污泥里面的微生物活性，影响污水处理效果。为了监测我校生活区生活污水中的动植物油含量，受学校的委托，我校检测中心对其总排口污水进行采集，并对污水中动植物油进行检测，检测完毕后的样品按照规范进行处置。到样后，3 个工作日内进行测定，7 个工作日内提供检测报告。

承担本次任务的人员认真阅读任务单，查阅《污水监测技术规范》（HJ 91. 1—2019）、《污水综合排放标准》（GB 8978—1996）、《水质　样品的保存和管理技术规定》（HJ 493—2009）、《水质　采样技术指导》（HJ 494—2009）、《水质　石油类和动植物油类的测定　红外分光光度法》（HJ 637—2018）和其他资料文献，制订采样计划及检测计划，准备仪器、试剂，采集样品并对其进行检测，确认原始记录单，并对数据处理结果进行复核，依据复核后的原始记录编制检测报告，报告经审核、批准后，送达委托人。

学习环节及学时分配表

环节序号	学习环节	学时安排	备注
1	接受任务	4 学时	
2	制订计划	12 学时	
3	实施计划	36 学时	
4	验收交付	4 学时	
5	总结拓展	4 学时	
总计		60 学时	

学习环节一　接受任务

1. 能与客户进行礼貌沟通，准确提取客户提供的有效信息；
2. 能独立、准确填写委托单，书写工整；
3. 能依据委托单制定任务下达单；
4. 培养执着专注、精益求精、一丝不苟和追求卓越的工匠精神，礼貌待人的职业素养。

建议学时：4

1. 查阅资料，常见的水质类别有（　　）。

A. 工业废水　　B. 生活饮用水　　C. 地表水　　D. 生活污水

E. 地下水　　F. 水源水

2. 本次任务需要测定的水质类别为____________________。

3. 根据本次任务的情景描述，提取关键信息并完成以下内容的填写。

（1）水质类别：____。

（2）采样位置：____。

（3）检测项目：____。

（4）输出成果及时间要求：____。

（5）所需标准：____。

4. 根据客户委托内容，独立填写委托单。

委托单

委托编号：GHJC-WT-2022-003

<table>
<tr><td colspan="4">委托单位名称：____________________
委托单位地址：____________________
委托单位联系人：　　　　　　　　联系电话：</td></tr>
<tr><td colspan="4">样品信息</td></tr>
<tr><td>样品名称</td><td></td><td>样品状态及描述</td><td></td></tr>
<tr><td>样品类别</td><td></td><td>样品数量</td><td></td></tr>
<tr><td>样品编号</td><td></td><td>储存条件</td><td>□常温 □冷藏
□冷冻 □其他</td></tr>
<tr><td>检测项目</td><td colspan="2">检测依据</td><td>判定依据</td></tr>
<tr><td></td><td colspan="2"></td><td></td></tr>
<tr><td>检测周期
（特殊项目除外）</td><td colspan="3">□标准服务：到样后 7 个工作日，不另收费
□加急服务：到样后 5 个工作日，加收 50%加急费
□特急服务：到样后 3 个工作日，加收 100%加急费</td></tr>
<tr><td colspan="2">报告形式：
□检测报告 □数据报告单 □电子数据</td><td>报告份数：____份</td><td>预计报告完成日期：</td></tr>
<tr><td colspan="4">注：2 份以上每份加收 30 元</td></tr>
<tr><td>报告发放方式</td><td colspan="3">□自取 □邮寄 □电子邮件</td></tr>
<tr><td>检测费用（元）</td><td colspan="3">检测费：____采样费：____加急费：____其他：________总计：________</td></tr>
<tr><td>发票信息</td><td colspan="3">□开票单位名称：____________________
□增值税专用发票 □增值税普通发票 □先不开发票</td></tr>
<tr><td>支付方式</td><td colspan="3">□现款已付 □取报告付款 □银行汇款 □定期结算（协议客户）</td></tr>
<tr><td rowspan="2">备注</td><td colspan="3">□同意分包，项目：</td></tr>
<tr><td colspan="3">□送样 □采样</td></tr>
</table>

续表

委托方声明：我方同意此委托单双方约定条款，并承诺报告完成日期前支付检测费用。 委托方代表（签字/盖章）： 检测方代表（签字/盖章）： 日期： 日期：
汇款信息 开户名称：×××检测技术有限公司 开户银行：交通银行×××××支行 银行账号：110060980018800×××××
检测方信息： 单位名称：×××检测技术有限公司 单位地址：北京市朝阳区化工路甲××号 联系电话：010-58440×××

注：本委托书一式三份，甲方执一份，乙方执两份，甲方“委托方”和乙方“检测方”签字后协议生效。

5. 查阅资料，动植物油类的定义是什么？

6. 动植物油类是评价水质污染情况的指标之一，其主要来源是什么？

7. 动植物油类含量超标的水质有什么危害？

8. 你认为应该如何减少生活污水中动植物油类的排放，保护水资源？

9. 为准确测定水样中的动植物油类，写出测定时需要的水样量及水样的储存方式。

10. 请与同学组队，录制模拟接待客户的过程，并进行评价反思，参见表3-1-1。

表3-1-1　　评价反思表

工作过程	评价指标	是/否	备注（解释说明）
接待客户来到业务室	能礼貌待人		
询问客户需求	能引导客户说出需求		
	能如实记录客户需求		
填写委托单	能与客户沟通，确认委托单位名称、委托单位地址、联系人、联系电话		
	能引导客户描述受检样品情况，并准确判断样品类别		
	能根据客户具体描述，给出建议的检测项目，并与客户确认		
	能依据检测项目，准确给出建议的检测标准，并与客户确认		

续表

工作过程	评价指标	是/否	备注（解释说明）
填写委托单	能结合检测需求及检测标准给出判定要求，并与客户确认		
	能与客户沟通，确认采样时间；或能提示客户，如何正确采集及妥善保存样品		
	能与客户沟通，确认检测周期		
	能与客户沟通，确认需要检测报告份数及报告送达方式		
	能与客户沟通，确定检测费用，约定支付方式、发票信息等		
	能签订委托单		
送客户出门	能礼貌待人		

11. 依据委托单，完成任务下达单的填写，并下达至采样部门。

采样任务下达单

编号：GHJC-CYXD-2022-003

采样依据		检验项目	
采样地点			
采样时间		水质类别	
采水样量		现场检测项	
采样人			

参考性评价

学习环节	一级指标	二级指标	评价说明	配分	自评 ____%	互评 ____%	师评 ____%	评价指标
接受任务	水质类别选择	水质类别选择正确	选对得 3 分，漏选或错选不得分	3				专业能力 信息获取能力
			水质类别填写正确	2				
	关键信息提取	关键信息提取准确，无漏项	关键信息准确且齐全，不准或漏项每处扣 2 分，直至扣完	10				
	委托单填写	信息填写正确、完整，字迹书写工整、清晰	不准或漏项每处扣 1 分，识别不出书写内容每处扣 1 分，直至扣完	20				综合职业能力
	动植物油类相关知识书写	动植物油类的定义、来源、危害书写正确，减少措施可行	动植物油类定义描述准确	2				专业能力 思政目标
			动植物油类来源概括全面，不准或漏项每处扣 2 分，直至扣完	6				
			动植物油类危害概括全面，不准或漏项每处扣 2 分，直至扣完	8				
			每提出一种合理有效的动植物油类减少措施，得 3 分，最多得 9 分	9				
	水样量及储存方式选择	水样量及储存方式满足要求	水样量满足要求，得 5 分； 储存方式满足要求，得 5 分	10				

续表

学习环节	一级指标	二级指标	评价说明	配分	自评 ____%	互评 ____%	师评 ____%	评价指标
接受任务	模拟接待客户	友善待人、礼貌接物，用规范的语言进行准确的技术性沟通，对所获信息归纳总结	待人接物未体现礼仪修养，扣2分； 未能引导并记录客户需求，扣2分； 所获信息填写不准确，每处扣1分，直至扣完	20				综合职业能力
	任务下达单书写	信息填写准确、完整，字迹书写工整、清晰	不准或漏项每处扣1分，识别不出书写内容每处扣1分，直至扣完	10				信息获取能力
合计				100				

请你根据上述评价表的得分情况，从职业道德、专业知识、技术技能等职业综合素质和行动能力方面进行评述，分析自己的优势和不足，并对不足之处提出改进措施。
备注：

学习环节二　制订计划

1. 能正确布控监测点位、选择采样方式、确定采样频次，保障样品具有代表性；
2. 能正确选择采样工具、样品容器、辅助用具及样品保存与运输方式，合理安排人员、时间及分工，制订完整的采样计划；
3. 能编制试剂材料清单和仪器设备清单，梳理检测流程，制订完整的检测计划；
4. 培养团队合作精神。

建议学时：12

一、制订采样计划

1. 查阅《污水监测技术规范》（HJ 91.1—2019）中监测点位的相关内容，判断下列说法是否正确。

（1）生活污水中动植物油类的测定，监测点位应设在排污单位的总排放口。（　　）

（2）监测污水处理设施的整体处理效率时，可以在各污水进入污水处理设施的进水口和污水处理设施的出水口设置监测点位。（　　）

2. 查阅《污水监测技术规范》（HJ 91.1—2019）中采样频次的相关内容，判断下列说法是否正确。

（1）如未明确采样频次，应按照生产周期确定采样频次。生产周期在 10 h 以内的，采样时间间隔应不小于 2 h；生产周期大于 10 h，采样时间间隔应不小于 4 h。（　　）

（2）排污单位间歇排放或排放污水的流量、浓度和污染物种类有明显变化时，应

在排放周期内增加采样频次。 （ ）

3. 下列情况不适用瞬时采样的是（ ）。

A. 流量不固定、所测参数不恒定的水样

B. 不连续流动的水流，如分批排放的水

C. 需要考察可能存在的污染物，或要确定污染物出现时间的水样

D. 需测定平均浓度的水样

4. 小组讨论，准确写出本次任务监测点位、采样方式及采样频次。

5. 查阅《水质 采样技术指导》（HJ 494—2009），选择生活污水中动植物油类的采样工具，并将本次任务使用的采样工具名称、材质等信息填入表 3-2-1。

（ ）

（ ）

表 3-2-1 采样工具表

序号	名称	材质	备注

6. 参照《污水监测技术规范》（HJ 91.1—2019），判断生活污水中动植物油类的采样步骤是否正确。

（1）到达监测点位，立即开始采样。（　　）

（2）对照监测方案采集样品，采样时一般要选择垃圾较少的地方。（　　）

（3）采样前要认真检查采样器具、样品容器及其瓶塞（盖），及时维修并更换采样工具中破损和不牢固的部件。（　　）

（4）采样结束后，核对监测方案、现场记录与实际样品数，如有错误或遗漏，应立即补采。（　　）

（5）污水中动植物油类在采样前先用水样荡涤采样容器和样品容器 2~3 次。（　　）

（6）采样完成后应在每个样品容器上贴上标签，同步填写现场记录。（　　）

7. 采集动植物油类的水样，需要加入什么固定剂？其作用是什么？

8. 查阅《水质　样品的保存和管理技术规定》（HJ 493—2009）和《水质　石油类和动植物油类的测定　红外分光光度法》（HJ 637—2018），采集的动植物油类样品应________________，如不能在____小时内测定，应该放在____冷藏保存，________天内测定。

9. 关于水质样品的运输，下列说法正确的是（　　）。

A. 样品运输前应将容器的外（内）盖盖紧

B. 装箱时直接将样品装入即可，不需要做减震固定

C. 日光照射对样品运输没有影响

D. 同一采样点的样品应装在同一包装箱内，如需分装在两个或几个箱子中时，只需在一个箱子内放置现场采样记录表即可

10. 请制订采样计划，填写表 3-2-2。

表 3-2-2 采样计划表

<table>
<tr><td colspan="7">采样计划表</td></tr>
<tr><td colspan="3">采样时间</td><td colspan="4"></td></tr>
<tr><td colspan="3">采样人员</td><td></td><td colspan="2">辅助人员</td><td></td></tr>
<tr><td colspan="2">采样地点</td><td colspan="2">水质类别</td><td colspan="3">监测因子</td></tr>
<tr><td colspan="2"></td><td colspan="2"></td><td colspan="3"></td></tr>
<tr><td colspan="7">采样物品清单（设备、试剂、辅助用具）</td></tr>
<tr><td>序号</td><td colspan="3">物品名称</td><td>数量</td><td colspan="2">备注</td></tr>
<tr><td></td><td colspan="3"></td><td></td><td colspan="2"></td></tr>
<tr><td></td><td colspan="3"></td><td></td><td colspan="2"></td></tr>
<tr><td></td><td colspan="3"></td><td></td><td colspan="2"></td></tr>
<tr><td></td><td colspan="3"></td><td></td><td colspan="2"></td></tr>
<tr><td></td><td colspan="3"></td><td></td><td colspan="2"></td></tr>
<tr><td></td><td colspan="3"></td><td></td><td colspan="2"></td></tr>
<tr><td></td><td colspan="3"></td><td></td><td colspan="2"></td></tr>
<tr><td></td><td colspan="3"></td><td></td><td colspan="2"></td></tr>
<tr><td></td><td colspan="3"></td><td></td><td colspan="2"></td></tr>
<tr><td></td><td colspan="3"></td><td></td><td colspan="2"></td></tr>
<tr><td></td><td colspan="3"></td><td></td><td colspan="2"></td></tr>
<tr><td></td><td colspan="3"></td><td></td><td colspan="2"></td></tr>
<tr><td></td><td colspan="3"></td><td></td><td colspan="2"></td></tr>
<tr><td></td><td colspan="3"></td><td></td><td colspan="2"></td></tr>
<tr><td></td><td colspan="3"></td><td></td><td colspan="2"></td></tr>
<tr><td></td><td colspan="3"></td><td></td><td colspan="2"></td></tr>
<tr><td></td><td colspan="3"></td><td></td><td colspan="2"></td></tr>
<tr><td></td><td colspan="3"></td><td></td><td colspan="2"></td></tr>
<tr><td></td><td colspan="3"></td><td></td><td colspan="2"></td></tr>
</table>

制表人： 审核人：

二、制订检测计划

梳理与分析《水质 石油类和动植物油类的测定 红外分光光度法》（HJ 637—2018）标准，完成下列题目，并制订检测计划。

1. 请阅读标准，列出检测中所需要使用的试剂与材料，填写表 3-2-3。

表 3-2-3　　　　试剂与材料清单

序号	试剂与材料名称	规格	是否需要配制

2. 在上述试剂与材料清单中，部分试剂需要配制，应如何配制？填写表 3-2-4。

表 3-2-4　　　　试剂配制清单

序号	名称	浓度	配制量	配制方法

3. 请制订检测计划，填写表 3-2-5。

表 3-2-5 检测计划表

<table>
<tr><td colspan="5">检测计划表</td></tr>
<tr><td>检测完成日期</td><td colspan="4"></td></tr>
<tr><td>样品编号</td><td colspan="2">检测项目</td><td colspan="2">检测依据</td></tr>
<tr><td></td><td colspan="2"></td><td colspan="2"></td></tr>
<tr><td></td><td colspan="2"></td><td colspan="2"></td></tr>
<tr><td></td><td colspan="2"></td><td colspan="2"></td></tr>
<tr><td colspan="5">检测物品清单（试剂与材料、仪器设备等）</td></tr>
<tr><td>序号</td><td>物品</td><td>数量</td><td colspan="2">备注</td></tr>
<tr><td></td><td></td><td></td><td colspan="2"></td></tr>
<tr><td></td><td></td><td></td><td colspan="2"></td></tr>
<tr><td></td><td></td><td></td><td colspan="2"></td></tr>
<tr><td></td><td></td><td></td><td colspan="2"></td></tr>
<tr><td></td><td></td><td></td><td colspan="2"></td></tr>
<tr><td></td><td></td><td></td><td colspan="2"></td></tr>
<tr><td></td><td></td><td></td><td colspan="2"></td></tr>
<tr><td></td><td></td><td></td><td colspan="2"></td></tr>
<tr><td></td><td></td><td></td><td colspan="2"></td></tr>
<tr><td rowspan="2">主要步骤</td><td colspan="3">工作描述</td><td>工作时长</td></tr>
<tr><td colspan="3"></td><td></td></tr>
</table>

制表人： 审核人：

参考性评价

学习环节	一级指标	二级指标	评价说明	配分	自评 ____%	互评 ____%	师评 ____%	评价指标
制订计划	监测点位布控	监测点位布控正确、采样频次及方式选择正确	监测点位设置规则判断正确，每题得1分	2				专业能力 职业素养
			采样频次判断正确，每题得1分	2				
			不适用瞬时采样的水样选择正确	1				
			监测点位布控、采样方式及频次选择符合标准要求，内容不准或漏项每处扣1分	3				
	采样工具选择	采样工具选择正确	采样工具选择正确，得1分； 采样工具名称、材质和体积填写正确，不准或漏项每处扣0.5分，直至扣完	4				
	采集样品步骤判断	采集样品步骤判断正确	采集样品步骤判断正确，判断错误每题扣1分，直至扣完	6				
	固定剂选用	固定剂选用准确	固定剂选用准确，得2分； 作用书写准确，得2分	4				
	水样保存及运输方式填写	动植物油类水质样品的保存方式填写正确	样品保存方式填写正确，内容不准或漏项每处扣0.5分，直至扣完	2				
		水质样品的运输方式选择正确	水质样品的运输方式选择正确	1				

续表

学习环节	一级指标	二级指标	评价说明	配分	自评 ___%	互评 ___%	师评 ___%	评价指标
制订计划	采样计划表书写	采样计划制订规范合理，满足任务需求	人员安排及分工合理，得3分； 采样路线设计合理，得3分； 水质类型及监测因子书写正确，每项1分，共2分； 采样物品清单列举完整、正确，共14分，不准或漏项每处扣1分； 识别不出书写内容每处扣1分，共3分	25				综合职业能力
	试剂与材料、仪器设备清单书写	试剂与材料清单满足任务需求	试剂与材料清单列举正确齐全，不准、漏项或多项每处扣1分，直至扣完	16				专业能力 职业素养
			试剂配制种类齐全，配制方法正确，漏项每处扣1分，不准每处扣1分，直至扣完	8				
		仪器设备清单满足任务需求	仪器设备清单列举齐全，不准或漏项每处扣1分，直至扣完	6				
	检测计划表书写	检测计划制订规范合理，满足任务需求	检测项目、检测依据填写正确，每项1分，共2分； 检测物品清单列举完整、正确，内容不准或漏项每处扣0.5分，共3分； 检测步骤共10分，内容不准或漏项每处扣1分，顺序错误每处扣2分； 工作时长共5分，不合理处每处扣1分，直至扣完	20				综合职业能力
合计				100				

请你根据上述评价表的得分情况，从职业道德、专业知识、技术技能等职业综合素质和行动能力方面进行评述，分析自己的优势和不足，并对不足之处提出改进措施。
备注：

学习环节三　实施计划

1. 能团队合作规范完成样品采集、保存和运输；
2. 能安全使用盐酸、四氯乙烯、正十六烷、异辛烷、苯等危险化学品；
3. 能熟练使用分液漏斗完成样品前处理；
4. 能按照《水质　石油类和动植物油类的检测　红外分光光度法》（HJ 637—2018）标准，利用红外测油仪安全规范地完成生活污水中动植物油含量的检测；
5. 能按照修约法则对检测结果进行计算与修约；
6. 能严格执行“6S”管理规定，并按《中华人民共和国环境保护法》和《中华人民共和国固体废物污染环境防治法》处理废物；
7. 培养精益求精的工匠精神，提升安全环保意识等职业素养。

建议学时：36

一、采集样品

1. 关于易制毒危险化学品盐酸领用规定，下列说法正确的是（　　）。

A. 领用时需进行领用记录登记，包括名称、规格、出库与入库日期、领用人与签发人签字、出库数量与回库数量等信息

B. 危险化学品的发放应由专人负责，并根据实际需要，尽量多领取

C. 爆炸性化学品、易制毒、易制爆和剧毒化学品可以和其他药品放在一个储存柜中

D. 若领用后次日仍需使用，可由领用人保留，下次继续使用，更为方便

2. 查阅盐酸 SDS，规范领取盐酸并回答下列问题。

（1）盐酸的基础标识

分子式：________；相对分子质量：________。

（2）盐酸的理化性质

性状：____________________________；溶解性：____________________________。

（3）盐酸的危险性

（4）急救措施

皮肤接触：____。

吸入：____。

食入：____。

（5）防护措施

眼睛防护：_____________；身体防护：_____________；手防护：_____________。

3. 规范领取盐酸（易制毒危险化学品），填写危险化学品领用登记表 3-3-1。

表 3-3-1　　危险化学品领用登记表

试剂名称					试剂规格				
出库日期	出库数量	领用人		回库日期	回库数量	使用量	签发人签字		备注

4. 依据采样计划及《水质　采样技术指导》（HJ 494—2009），领取采样物品，填写表 3-3-2。

表 3-3-2　　采样物品表

序号	名称	数量	作用	是否已有	备注

续表

序号	名称	数量	作用	是否已有	备注

5. 依据《水质　样品的保存和管理技术规定》（HJ 493—2009），参考《水质　石油类和动植物油类的测定　红外分光光度法》（HJ 637—2018）要求，写出本次任务所用样品容器和采样工具的洗涤方法，并进行洗涤。

6. 依据采样计划，规范完成污水动植物油类样品的采集，并回答以下问题。

（1）查阅资料，判断动植物油类样品是否需要采集平行样品，解释原因。

（2）全程序空白是检验水样是否被污染的方法之一，查阅《污水监测技术规范》（HJ 91. 1—2019）后，描述生活污水动植物油类样品如何采集全程序空白样品。

（3）动植物油类样品容器采样前是否可以润洗，为什么？

（4）动植物油类样品采样量约为________ mL，样品容器是否可以采满，为什么？

（5）油类样品采集应在水面________ m 以下。

（6）本次任务中固定剂盐酸的加入量是多少？

7. 请规范填写采样原始记录单。

采样原始记录单

编号：GHJC-CYJL-2022-003

<table>
<tr><td>委托单位名称</td><td colspan="2"></td><td colspan="2">水质类别</td><td></td><td colspan="3">采样日期</td><td></td></tr>
<tr><td>环境湿度（%）</td><td colspan="2"></td><td colspan="2">大气压（Pa）</td><td></td><td colspan="3">环境温度（℃）</td><td></td></tr>
<tr><td>采样方法</td><td colspan="9">□《污水监测技术规范》（HJ 91. 1—2019） □《地表水和污水监测技术规范》（HJ/T 91—2002）
□《地下水环境监测技术规范》（HJ 164—2020） □《医疗机构水污染物排放标准》（GB 18466—2005）</td></tr>
<tr><td rowspan="2">采样点位置
环境描述</td><td rowspan="2">采样时间</td><td rowspan="2">采样点深度
（m）</td><td rowspan="2">采样点水温
（℃）</td><td rowspan="2">采样体积
（L）</td><td rowspan="2">分析项目</td><td colspan="3">水质物理性状</td><td rowspan="2">样品编号</td></tr>
<tr><td>透明度</td><td>颜色</td><td>气味</td></tr>
<tr><td></td><td></td><td></td><td></td><td></td><td></td><td></td><td></td><td></td><td></td></tr>
<tr><td></td><td></td><td></td><td></td><td></td><td></td><td></td><td></td><td></td><td></td></tr>
<tr><td></td><td></td><td></td><td></td><td></td><td></td><td></td><td></td><td></td><td></td></tr>
<tr><td></td><td></td><td></td><td></td><td></td><td></td><td></td><td></td><td></td><td></td></tr>
<tr><td></td><td></td><td></td><td></td><td></td><td></td><td></td><td></td><td></td><td></td></tr>
<tr><td></td><td></td><td></td><td></td><td></td><td></td><td></td><td></td><td></td><td></td></tr>
</table>

采样人： 复核人： 受检方签字：

8. 生活污水采样位置一般位于污水口，处于高处，楼梯陡峭，请各位同学思考采样员在采样过程中应采取哪些安全防范措施？（至少写 5 条）体现哪些职业岗位精神？（至少写 3 条）

9. 规范填写并粘贴样品标签。

<table>
<tr><td colspan="2">样品标签</td></tr>
<tr><td colspan="2">采样目的：______________________________</td></tr>
<tr><td>样品编号：______________</td><td>监测点数目：______________</td></tr>
<tr><td>采样位置：______________</td><td>采样时间：______________</td></tr>
<tr><td>采样人员：______________</td><td>固定剂的加入量：__________</td></tr>
<tr><td colspan="2">危险特性：______________</td></tr>
<tr><td colspan="2">备注：______________</td></tr>
<tr><td colspan="2">样品状态：　待检□　在检□　已检□　留样□</td></tr>
</table>

10. 采样过程中产生的废物有哪些？应如何处理？填写表 3-3-3。

表 3-3-3　废物处理表

序号	废物名称	废物的处理方式	如果不处理会产生哪些危害
1			
2			
3			
4			
5			

11. 请填写样品交接单，并回答相关问题。

样品交接单

序号	委托编号	样品编号	样品类别	收样日期	样品检查			交样人	接收人	样品留存	处置日期	处置人
					时效性	完整性	保存条件					
1										□是 □否		
2										□是 □否		
3										□是 □否		
4										□是 □否		
5										□是 □否		
6										□是 □否		
7										□是 □否		
8										□是 □否		
9										□是 □否		
10										□是 □否		
11										□是 □否		
12										□是 □否		

（1）除交接样品外，请填写采样物品交接表，见表3–3–4。

表3–3–4 采样物品交接表

序号	名称	是否需要交接	备注

（2）根据危险化学品使用管理（归还）规定，关于采样时所领用的盐酸，应________领取。

12. 核对样品编号、数量、状态，填写检测任务下达单。

检测任务下达单

编号：GHJC-JCXD-2022-003

样品名称		样品数量		样品来源	□采样 □送样
采/样送日期		样品交接人		样品存放状态	□室温 □冷藏 □冷冻
接样日期		任务下达时间		任务完成时间	
检测项目分配					
样品编号	样品描述	理化	无机	有机	微生物
		□色度 □浑浊度 □气味 □pH □总硬度	□铜 □铅 □锰 □铁 □氯化物 □硫酸盐	□化学需氧量 □挥发酚 □总有机碳 □生化需氧量 □总需氧量 □亚硝酸盐氮 □硝酸盐氮 □氨氮	□菌落总数 □大肠杆菌 □耐热大肠菌群 □总大肠菌群
		接收人	接收人	接收人	接收人

二、检测样品

1. 查阅四氯乙烯 SDS，规范领用四氯乙烯，回答下列问题。

（1）四氯乙烯的基础标识

化学式：______________________；相对分子质量：______________________。

（2）四氯乙烯的理化性质

性状：______________________；溶解性：______________________。

（3）四氯乙烯的危险性

（4）四氯乙烯的急救措施

皮肤接触：____。

眼睛接触：____。

吸入：____。

食入：____。

（5）四氯乙烯的安全防护

眼睛防护：____。

身体防护：____。

操作场所：____。

2. 查阅正十六烷 SDS，规范领用正十六烷，回答下列问题。

（1）正十六烷的基础标识

化学式：______________________；相对分子质量：______________________。

（2）正十六烷的理化性质

性状：______________________；溶解性：______________________。

（3）正十六烷的危险性

（4）正十六烷的急救措施

皮肤接触：____。

眼睛接触：____。

吸入：____。

食入：____。

（5）正十六烷的安全防护

眼睛防护：______________________；身体防护：______________________。

3. 查阅异辛烷 SDS，规范领用异辛烷，回答下列问题。

（1）异辛烷的基础标识

化学式：________________________；相对分子质量：____________________。

（2）异辛烷的理化性质

性状：__________________________；溶解性：________________________。

（3）异辛烷的危险性

（4）异辛烷的急救措施

皮肤接触：____。

眼睛接触：____。

吸入：____。

食入：____。

（5）异辛烷的安全防护

眼睛防护：______________________；身体防护：______________________。

4. 查阅苯 SDS，规范领用苯，回答下列问题。

（1）苯的基础标识

化学式：________________________；相对分子质量：____________________。

（2）苯的理化性质

性状：__________________________；溶解性：________________________。

（3）苯的危险性

（4）苯的急救措施

皮肤接触：____。

眼睛接触：____。

吸入：____。

食入：____。

（5）苯的安全防护

眼睛防护：______________________；身体防护：______________________。

5. 请按照《水质　石油类和动植物油类的测定　红外分光光度法》（HJ 637—2018）要求，规范完成试剂配制，记录原始数据，填写表 3-3-5。

表 3-3-5　试剂配制原始数据记录

序号	名称	是否标准溶液	浓度	原始数据记录（m、V）
1				$m=$ $V=$
2				$m=$ $V=$
3				$m=$ $V=$
4				$m=$ $V=$
5				$V_{浓}=$ $V_{水}=$
6				$V_{浓}=$ $V_{水}=$
7				$V_{浓}=$ $V_{水}=$
8				$V_{浓}=$ $V_{水}=$

6. 阅读《水质　石油类和动植物油类的测定　红外分光光度法》（HJ 637—2018），

无水硫酸钠在使用前需要进行加热处理，请写出无水硫酸钠的处理方式及目的，并进行规范处理。

7. 无水硫酸钠在本次任务检测中的作用为：________________。

8. 阅读《水质　石油类和动植物油类的测定　红外分光光度法》（HJ 637—2018），硅酸镁在使用前需要进行加热处理，请写出硅酸镁的处理方式及目的，并进行规范处理。

9. 硅酸镁在本次任务检测中的作用为：________________。

10. 查阅资料，学习红外测油仪的相关知识，如图 3-3-1 和图 3-3-2 所示。

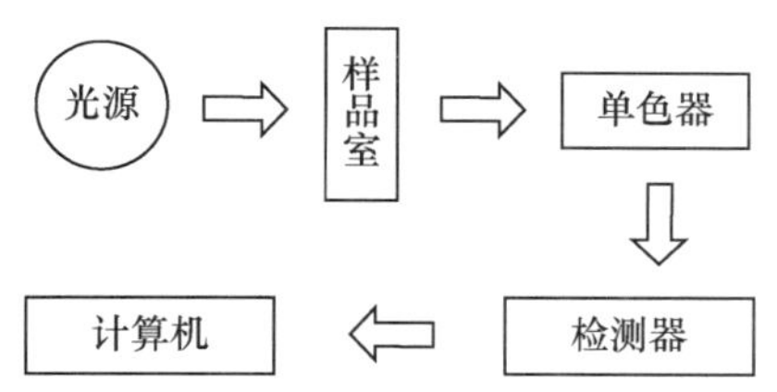

图 3-3-1　红外测油仪结构组成图

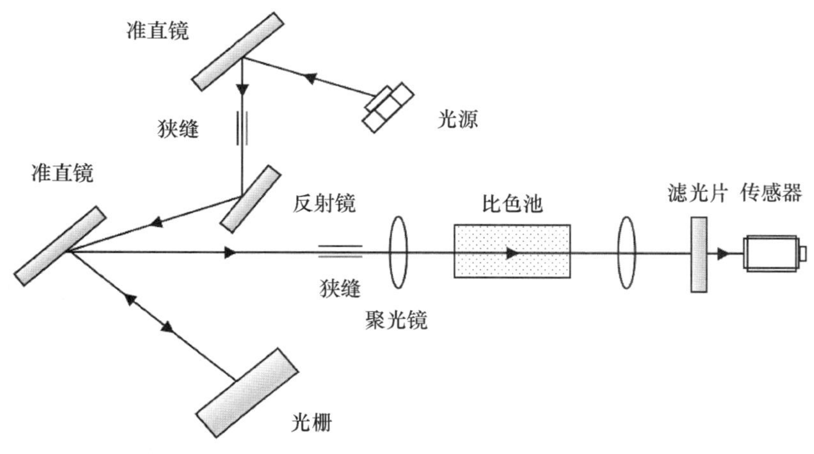

图 3-3-2　红外测油仪光学原理图

（1）生活污水中动植物油类含量是在波数分别为________ cm^{-1}、________ cm^{-1}和________ cm^{-1}的条件下完成测定的。

（2）请写出红外测油仪的工作原理。

（3）请写出红外测油仪的结构组成。

（4）请写出红外测油仪的操作步骤。

（5）动植物油含量测定项目中，比色皿的使用注意事项有哪些？

11. 红外测油仪测试时，需要校正系数，请回答下列问题，并规范校正。

（1）校正系数求得的过程中用到哪几种溶液？

（2）四氯乙烯，又名全氯乙烯，是一种有机化合物，易发生变质现象，故在利用其测定污水中动植物油类时，需要进行品质检验。请查阅相关知识，写出品质检验方法，并依照方法完成检验工作。

（3）校正系数 X、Y、Z 和 F 的名称分别是什么？

（4）查阅《水质　石油类和动植物油类的测定　红外分光光度法》（HJ 637—2018），写出校正系数检验的步骤。如何判定校正系数符合要求？

（5）以 4 cm 石英比色皿加入四氯乙烯为参比，分别测量正十六烷、异辛烷和苯标准溶液在 2 930 cm^{-1}、2 960 cm^{-1}、3 030 cm^{-1} 处的吸光度 A_{2930}、A_{2960}、A_{3030}，将测得数据记录在表 3-3-6 中，并依据相关信息计算校正系数。

表 3-3-6　　校准系数计算表

样品名称	浓度（mg/L）	A_{3030}	A_{2960}	A_{2930}
四氯乙烯				
苯				
异辛烷				
正十六烷				
校正系数				

（6）查阅资料，根据所给数据，见表 3-3-7，验证校正系数是否正确，如有错误请指出并写出正确数值。

表 3-3-7　　校正系数数据表

样品名称	质量浓度（mg/L）	A_{3030}	A_{2960}	A_{2930}
四氯乙烯				
苯	100	0.347	0.001	0.003
异辛烷	20	0.013	0.338	0.139
正十六烷	20	0.016	0.151	0.413
校正系数	$X=32.33$	$Y=48.60$	$Z=285.50$	$F=20.00$

12. 查阅资料，小组合作规范完成油类试样制备操作，回答下列问题。

（1）写出油类试样的制备过程。

（2）每个样品振荡的频次应保持一致，且振荡时间应大于________ min。

（3）四氯乙烯对人体有害，萃取过程中应全程在________________________进行。

（4）萃取后如果出现乳化现象，可加入________ g 的________，进行破乳。

13. 石油类试样的制备有两种方法，请根据《水质　石油类和动植物油类的测定　红外分光光度法》（HJ 637—2018），小组合作规范完成石油类试样制备操作，并将两种方法的操作步骤、优势和劣势填入表 3-3-8。

表 3-3-8　　石油类试样的制备方法比较表

制备方法	操作步骤	优势	劣势

14. 实施样品中的动植物油类检测操作，并填写检测原始记录单。

水质石油类和动植物油类检测原始记录单

编号：GHJC-JCJL-2022-003

样品类型：________接样日期：________分析日期：________检测环境条件：______℃ ______%RH

检测方法：________________检出限：________

仪器名称及型号：________________仪器编号：________

<table>
<tr><th rowspan="2">序号</th><th rowspan="2">样品编号</th><th rowspan="2">萃取液体积（mL）</th><th rowspan="2">稀释倍数</th><th rowspan="2">取水样体积（mL）</th><th colspan="2">水中浓度（mg/L）（仪器示值）</th><th colspan="3">检测结果（mg/L）</th><th colspan="3">平均值（mg/L）</th></tr>
<tr><th>油类</th><th>石油类</th><th>油类</th><th>石油类</th><th>动植物油类</th><th>油类</th><th>石油类</th><th>动植物油类</th></tr>
<tr><td>1</td><td></td><td></td><td></td><td></td><td></td><td></td><td></td><td></td><td></td><td></td><td></td><td></td></tr>
<tr><td>2</td><td></td><td></td><td></td><td></td><td></td><td></td><td></td><td></td><td></td><td></td><td></td><td></td></tr>
<tr><td>计算公式</td><td colspan="6"></td><td colspan="6">质控样来源：　　　　编号：
标准值浓度：　　mg/L　　结果评价：</td></tr>
</table>

检测员：　　　　校核人：　　　　审核人：

（1）查阅资料，写出动植物油类质量浓度计算的公式。

（2）测定结果小数点后位数的保留与________一致，最多保留________位有效数字。

（3）查阅《中华人民共和国环境保护法》《中华人民共和国固体废物污染环境防治法》以及《水质　石油类和动植物油类的测定　红外分光光度法》（HJ 637—2018），说明本次测定出哪些废物？这些废物该如何处理？填写表 3-3-9。

表 3-3-9　　废物处理表

序号	废物名称	废物的处理方式	如果处理不当会产生的危害
1			
2			

参考性评价

学习环节	一级指标	二级指标	评价说明	配分	自评 ___%	互评 ___%	师评 ___%	评价指标
实施计划	采样物品准备	盐酸领取程序规范	盐酸领用规定选择正确	2				岗位责任意识
			盐酸的基础标识、理化性质、危险性、急救措施和防护措施书写正确，不准或漏项每处扣 1 分，直至扣完	11				
			盐酸领取程序规范，得 2 分； 危险化学品领用登记表填写完整、准确，得 2 分，不准或漏项每处扣 0.5 分，直至扣完	4				
		采样物品准备齐全	采样工具及辅助用具领取齐全，得 2 分，每少一个扣 0.5 分，直至扣完； 采样工具及辅助用具状态确认良好，能够满足使用，得 2 分，每错判一个扣 0.5 分，直至扣完	4				
			样品容器和采样工具的洗涤方法书写正确，得 1 分	1				
			样品容器和采样工具清洗满足使用要求，得 1 分	1				

续表

学习环节	一级指标	二级指标	评价说明	配分	自评 ____%	互评 ____%	师评 ____%	评价指标
实施计划	样品采集	样品采集符合标准要求	不采集平行样品，得 1 分； 全程序空白试验采集符合采样要求，得 1 分； 动植物油类样品容器润洗符合要求，得 1 分； 动植物油类样品采样量符合要求，得 1 分； 采样深度符合要求，得 1 分； 安全、准确加入固定剂，得 1 分，有撒漏或加入量不足不得分； 关键点拍摄记录，得 1 分； 废弃物处理符合国家标准要求，得 1 分	8				专业能力 团队合作能力 安全意识
			动植物油类样品是否需要采集平行样品判断准确，得 1 分，原因解释正确，得 1 分； 全程序空白样品采集过程书写正确，得 1 分； 动植物油类样品容器采样前是否可润洗判断准确，得 1 分，原因解释正确，得 1 分； 动植物油类样品采样量填写准确，得 1 分，是否可采满判断准确，得 1 分，原因解释正确，得 1 分； 采样深度填写正确，得 1 分； 固定剂盐酸加入量书写正确，得 1 分；	10				

续表

学习环节	一级指标	二级指标	评价说明	配分	自评 ___%	互评 ___%	师评 ___%	评价指标
实施计划	采样原始记录单填写	采样原始记录单填写内容准确、规范	委托单位、水质类别、采样日期、环境湿度、大气压、环境温度填写正确，不准或漏项每处扣0.5分，共3分； 采样方法选择正确，得1分； 采样点深度、采样点水温、采样体积填写准确，不准或漏项每处扣1分，共3分； 水质物理性状描述准确，不准或漏项每处扣0.5分； 有涂改、划痕每处扣1分，直至扣完	10				综合职业能力
	安全防范	安全防范措施书写全面	采样过程安全防范措施书写全面，提取正确一条加1分，共5分； 体现出职业岗位精神，每条1分，共3分	8				
	水样标签填写与粘贴	水样标签填写与粘贴正确	水样标签内容填写准确，不准或漏项每处扣0.5分，共3分； 粘贴正确，得1分	4				

续表

学习环节	一级指标	二级指标	评价说明	配分	自评 ___%	互评 ___%	师评 ___%	评价指标
实施计划	废物处理	废物处理方式正确	采样过程中废物处理方式及不处理的危害书写正确，如有任一漏项或不准，本题不得分	3				综合职业能力
			废物处理方式符合要求，如有任一废物处理不当，本题不得分	4				
	样品流转	样品交接符合标准要求	水样核对准确，未核对或不准确扣3分； 样品交接单内容不准或漏填每处扣0.5分，共3分； 采样物品交接符合任务要求，未交接、交接错误每次扣1分，直至扣完，共2分； 盐酸领取填写正确，得2分	10				
		检测任务下达单填写正确	内容不准或漏填每处扣0.5分，直至扣完	5				
	四氯乙烯、正十六烷、异辛烷、苯领取	四氯乙烯、正十六烷、异辛烷、苯的危险性、急救措施、安全防护措施提取正确	四氯乙烯基础标识、理化性质填写正确，不准或漏项每处扣0.5分，共2分； 四氯乙烯危险性、急救措施、安全防护措施提取正确，不准或漏项每处扣1分，共3分，直至扣完	5				

续表

学习环节	一级指标	二级指标	评价说明	配分	自评 ____%	互评 ____%	师评 ____%	评价指标
实施计划	四氯乙烯、正十六烷、异辛烷、苯领取	四氯乙烯、正十六烷、异辛烷、苯的危险性、急救措施、安全防护措施提取正确	正十六烷基础标识、理化性质填写正确，不准或漏项每处扣0.5分，共2分； 正十六烷危险性、急救措施、安全防护措施提取正确，不准或漏项每处扣1分，共3分，直至扣完	5				综合职业能力
			异辛烷基础标识、理化性质填写正确，不准或漏项每处扣0.5分，共2分； 异辛烷危险性、急救措施、安全防护措施提取正确，不准或漏项每处扣1分，共3分，直至扣完	5				
			苯基础标识、理化性质填写正确，不准或漏项每处扣0.5分，共2分； 苯危险性、急救措施、安全防护措施提取正确，不准或漏项每处扣1分，共3分，直至扣完	5				
		四氯乙烯、正十六烷、异辛烷、苯领取程序规范	四氯乙烯、正十六烷、异辛烷、苯领取程序规范	4				
	试剂配制	试剂配制符合标准要求	配制量、试剂消耗量合理	5				

续表

学习环节	一级指标	二级指标	评价说明	配分	自评 ___%	互评 ___%	师评 ___%	评价指标
实施计划	药品处理	无水硫酸钠处理规范	无水硫酸钠处理方法书写正确，得 1 分；处理目的书写正确，得 1 分	2				综合职业能力
			无水硫酸钠作用填写正确	1				
			无水硫酸钠处理规范	2				
		硅酸镁处理规范	硅酸镁处理方法书写正确，得 1 分；处理目的书写正确，得 1 分	2				
			硅酸镁作用填写正确	1				
			硅酸镁处理规范	2				
	红外测油仪使用	波数填写准确	波数填写准确	3				
		工作原理书写正确	工作原理书写准确	2				
		仪器组成书写正确	仪器组成书写正确	2				
		操作步骤书写正确	操作步骤书写准确，不准或漏项每处扣 1 分，顺序错误每处扣 2 分，直至扣完	5				
		比色皿使用的注意事项	比色皿使用的注意事项书写正确，每书写 1 条得 1 分	3				

续表

学习环节	一级指标	二级指标	评价说明	配分	自评 ___%	互评 ___%	师评 ___%	评价指标
实施计划	红外测油仪使用	校正系数测定规范	校正系数所用溶液列举齐全，每少一个扣1分，直至扣完	3				综合职业能力
			四氯乙烯品质检验方法提取正确	2				
			校正系数名称书写正确	4				
			校正系数的检验步骤书写正确，得2分；判定方法正确，得2分	4				
			规范使用比色皿，不规范处每次扣一分，共3分，直至扣完； 按照操作步骤规范操作红外测油仪，操作顺序错误每次扣2分，共6分，直至扣完； 准确、及时记录测量数据，不准确或不及时记录数据，本条目不得分，共3分； 校正系数计算正确，每计算正确1个得1分，共4分	16				
			校准系数验证正确	4				
	试样制备	油类试样制备正确	油类试样制备过程书写正确	2				
			振荡时间、萃取地点、破乳方式填写正确，不填或漏项每处扣0.5分，直至扣完	2				
			油类试样制备符合要求	3				

续表

学习环节	一级指标	二级指标	评价说明	配分	自评 ____%	互评 ____%	师评 ____%	评价指标
实施计划	试样制备	石油类试样制备正确	石油类试样制备操作步骤、优势、劣势填写正确，不准或漏项每处扣 0.5，直至扣完	4				综合职业能力
			石油类试样制备符合要求	3				
	检测原始记录单	检测原始记录单填写内容准确、规范，结果计算与表示符合标准要求	内容填写准确，不准或漏项每处扣 1 分； 有涂改、划痕每处扣 1 分，直至扣完； 计算正确，得 1 分，计算错误此模块 0 分； 有效数字修约正确，得 1 分； 空白试验符合检测要求，得 1 分； 准确度，质控样合格，得 1 分	6				
			动植物油类浓度计算公式书写正确，得 2 分； 小数点后保留位数保留填写正确，不准或漏项每处扣 0.5 分，共 1 分	3				
	安全环保	废物处理	废液处理符合国家标准要求	2				安全意识 环保意识
			废物处理方式书写正确	1				
	6S 管理	规范整理实验台面	实验用玻璃仪器清洗，实验药品摆放规范，实验台面的清整规范，用布擦净台面，未做到每次扣 0.5 分，直至扣完	2				
合计				200				

请你根据上述评价表的得分情况，从职业道德、专业知识、技术技能等职业综合素质和行动能力方面进行评述，分析自己的优势和不足，并对不足之处提出改进措施。
备注：

学习环节四　验收交付

1. 能依据任务委托单、原始记录等技术记录，出具检测报告；
2. 培养爱岗敬业的劳模精神、诚实劳动的劳动精神。

建议学时：4

1. 请各位同学查阅资料，判断正误并回答下列问题。

（1）委托书、监测方案、采样原始记录应交由填写人。（　　）

（2）流转单、检测任务单、检测原始记录由检测人员移交给报告室，供编制检测报告时使用。（　　）

（3）为检测方便，委托书、监测方案、采样原始记录可以随检测过程一起流转。（　　）

（4）检测报告送达客户后，留存的报告副本，需要同委托书、监测方案、采样原始记录、流转单、检测任务单、检测原始记录、报告审核记录等技术记录一起交给管理员进行归档。（　　）

（5）在检测机构中，通常由报告编制员负责________________，报告审核员负责____________________________，授权签字人负责________________________________。

（6）检测报告和原始记录保存期不少于________年。

2. 查阅相关环境质量标准和污染排放/控制标准资料，生活污水中动植物油类含量的最高允许排放浓度是多少，本次监测结果是否符合要求？

3. 请依据相关材料，出具检测报告并将相关技术记录归档。

分析测试中心

检 测 报 告 书

检品名称：______________

委托单位：______________

报告日期　　年　　月　　日

检测报告

报告编号：GHJC-JCBG-2022-003　　　　第　页共　页

委托编号	GHJC-WT-2022-003	检测日期	
委托单位		采样日期	
受检单位		检测项目	
受检地址			
检测依据/检测方法			
检测仪器/编号			
受检设备信息			
检测位置		环境条件	
检测结果			
检测项目	计量单位	数值	
动植物油类浓度			
备注：			

编制：　　　　审核：

批准：　　　　签发日期：　　年　　月　　日

注意：报告书包括封面、首页、正文（附页）、封底，并盖有计量认证章、检测章和骑缝章。

参考性评价

学习环节	一级指标	二级指标	评价说明	配分	自评 ____%	互评 ____%	师评 ____%	评价指标
验收交付	技术记录移交	技术记录移交正确	技术记录移交判断正确，每题 3 分	12				专业能力 思政元素
	人员职责填写	人员职责填写正确	人员职责填写正确，不准或漏项每处扣 3 分	9				
	保存期填写	保存期填写正确	检测报告和原始记录保存期填写正确	3				
	检测结果确认	检测结果确认正确	查阅动植物油类含量的最高允许排放浓度正确，得 10 分； 判断检测结果是否符合要求，得 10 分	20				
	检测报告书写	检测报告符合 CMA 要求	检测报告内容来自移交的技术记录，有更改、捏造不得分； 有涂改、划痕每处扣 1 分，直至扣完	30				综合职业能力
		检测报告审核程序正确	三级审核程序正确	10				
		检测报告份数正确	检测报告份数正确	4				
		技术记录归档符合要求	检测报告副本、委托单、监测方案、采样原始记录、任务下达单、检测原始记录交给管理员归档，每归档一项得 2 分	12				
合计				100				

请你根据上述评价表的得分情况，从职业道德、专业知识、技术技能等职业综合素质和行动能力方面进行评述，分析自己的优势和不足，并对不足之处提出改进措施。
备注：

学习环节五　总结拓展

1. 能对任务成本进行核算，提升成本控制理念；
2. 能写出污水中动植物油类样品在采集与测定中的关键技术点；
3. 能小组合作制定工业废水中石油类含量测定方案；
4. 通过小组讨论，提升沟通表达、团队合作、自我展示的能力。

建议学时：4

一、总结

1. 请小组讨论，回顾整个任务的工作过程，列出所使用的试剂耗材，并参考库房管理员提供的价格清单，对本次任务的单个样品使用耗材进行成本核算，填写表 3-5-1。

表 3-5-1　成本核算表

序号	试剂名称	规格	单价（元）	使用量	成本（元）
1					
2					
3					
4					
5					
6					
7					
8					
9					
10					
合计					

2. 工作中，除了试剂耗材成本以外，还有哪些成本？请小组讨论，罗列出至少3条，并写出如何有效地在保证质量的基础上控制成本。

3. 通过本次任务的实践，总结出生活污水中动植物油类样品采集和检测的主要操作步骤及关键点，填写表3-5-2。

表3-5-2 主要操作步骤及关键点汇总

序号	主要操作步骤	关键点

二、拓展

请您查阅资料，小组合作制定工业废水中石油类含量的测定方案，并进行展示（主要包括实验所有仪器设备和试剂的配备，水样的采集及测试步骤，注意事项等内容）。

方案名称：________________________________

一、任务目标及依据（概括说明本次任务要达到的目标及依据的标准）

二、工作内容安排（列出工作流程、工作要求、仪器设备和试剂、人员及时间安排等）

工作流程	工作要求	仪器设备和试剂	人员	时间安排

三、验收标准（本次任务最终的验收相关标准）

四、安全注意事项及防护措施（对工作过程中安全注意事项及防护措施、废物处理等进行说明）

参考性评价

学习环节	一级指标	二级指标	评价说明	配分	自评 ___%	互评 ___%	师评 ___%	评价指标
总结拓展	成本核算	成本核算准确	试剂耗材成本核算准确，不准或漏项每处扣 1 分，直至扣完	20				综合职业能力 思政元素
			其他成本核算准确，得 3 分，不准或漏项每处扣 1 分，直至扣完； 在保证质量的基础上控制成本措施可行，得 7 分	10				
	主要操作步骤和关键点总结	采集和测定的主要操作步骤和关键点总结准确	主要操作步骤和关键点总结准确，不准或漏项每处扣 3 分，直至扣完	30				
	工业废水中石油类含量的测定计划	工业废水中石油类含量的测定计划符合标准要求	操作步骤符合标准及任务要求，不准或漏项每处扣 2 分，顺序错误每处扣 4 分，直至扣完； 关键点提取准确，不准或漏项每处扣 3 分，直至扣完	40				
合计				100				

请你根据上述评价表的得分情况，从职业道德、专业知识、技术技能等职业综合素质和行动能力方面进行评述，分析自己的优势和不足，并对不足之处提出改进措施。
备注：

知识链接

1. **动植物油类**

生活污水指人们在日常生活中用过的并被生活废料所污染的水，它们主要来自住宅、公共场所、机关、学校、医院、餐饮业及工厂中的各种生活用水，其水量和水质具有明显的昼夜周期和季节周期。这些水中含有较多的有机物质，如蛋白质、动植物脂肪、尿素和氨氮等。

动植物油类指在 pH≤2 的条件下，能够被四氯乙烯萃取且被硅酸镁吸附的物质，主要是饱和脂肪酸和不饱和脂肪酸的甘油三酯，在餐饮业和家用厨房废水中动植物油类含量较高，在肉类加工、牛奶加工、洗衣房、汽车修理厂等排放的废水中也有所涉及。

动植物油类含量超标的水体会在表面形成油膜，使水体缺少溶解氧，产生恶臭，导致水中植物、动物死亡；油类和其分解产物中，存在着多种有毒物质（如苯并芘、苯并蒽及其他多环芳烃）。这些物质在水体中被水生生物摄取、吸收、富集，造成水生生物畸变；油在水体中以油膜形式浮在水面上，表面积很大。在各种自然因素作用下，其中一部分组分和分解产物挥发进入大气，污染和毒化水体上空和周围的大气环境；由于船舶航行、水流流动及其他因素，使含油废水和被油污染水域的油分转移到未污染的水域，造成更大面积的污染，威胁到饮用水源；此外动植物油类含量超标的水体进入河流、湖泊或地下水后，其含量超过了水体的自净能力，使水质和底质的物理、化学性质或生物群落组成发生变化，从而降低水体的使用价值和使用功能。

在日常生活中，可以采取以下措施减少生活污水中动植物油类的排放：改变食谱，清淡饮食，减少排放含油脂的厨房废水；将固体油污收集，当成固体废弃物进行排放；使用洗洁精清洗含油用具等。

2. **动植物油类采样技术**

（1）采样工具

动植物油类采样工具选择时应考虑组分之间的相互作用、光分解等因素，尽量缩短样品的存放时间，减少对光、热的暴露时间等，此外还应考虑生物活性。最常遇到的是清洗容器不当，以及容器自身材料对样品的污染和容器壁上的吸附作用。在选择采集和存放样品的容器时，还应考虑容器适应温度急剧变化、抗破裂性、密封性能、体积、形状、质量、价格、清洗和重复使用的可行性等。污水中动植物油类样品采样应使用棕色玻璃瓶和专属的石油类采样装置。

（2）采样注意事项

1）动植物油类样品采样前不能荡涤采样器具和样品容器。

2）动植物油类样品在不同时间采集的水样不能混合测定。

3）动植物油类样品保存方式不同，必须单独采集储存。

4）动植物油类样品采集时不得注满容器，采集到瓶颈处即可。

3. 盐酸

盐酸作为强酸，有强烈的刺鼻气味，具有较高的腐蚀性，被列为易制毒危险化学品。存储时需要置于阴凉、通风的库房，库温不宜超过 30 ℃，应与碱类、活性金属粉末分开存放，并备有泄漏应急处理设备，同时注意防盗、防泄漏。盐酸使用实行“双人验收、双人保管、双人发放”的管理制度，领取时需要填写危险化学品领用登记表，在使用过程中要佩戴好防护用具。

盐酸使用过程中，有大量氯化氢气体产生，可将吸风装置安装在容器边，再配合风机、酸雾净化器、风道等设备设施，将酸雾排出室外处理，避免危险发生。

4. 苯

苯为危险化学品，是易燃、有致癌毒性的无色透明液体，并带有强烈的芳香气味，其蒸气与空气可形成爆炸性混合物，遇明火、高热极易燃烧爆炸，与氧化剂能发生强烈反应。易产生和聚集静电，有燃烧爆炸危险。存储时需要置于阴凉、通风的库房内，远离火种、热源，库温不宜超过 30 ℃，防止阳光直射，保持容器密封，与氧化剂分开存放。储存间内的照明、通风等设施应采用防爆型，开关设在库房外。在使用过程中要穿戴好工作服、手套等防护用具。

5. 四氯乙烯

四氯乙烯为危险化学品，是致癌物。一般不会燃烧，但长时间暴露在明火及高温下能燃烧，受高热分解产生有毒的腐蚀性气体，与活性金属粉末（如镁、铝等）能发生反应，引起分解。若遇高热可发生剧烈分解，引起容器破裂或爆炸事故。使用时应戴好防护用具，在通风橱内操作。

6. 正十六烷

正十六烷为危险化学品，属于吸入危害 1 类危险化学品，吞咽并进入呼吸道可能致命。储存于阴凉、通风的库房，远离火种、热源，防止阳光直射。使用时需密闭操作，局部排风，穿戴好防护用具，防止蒸气泄漏到工作场所中。若皮肤接触，需用肥皂水及清水彻底冲洗；若吸入，需脱离现场至空气新鲜处；若误服，需饮适量温水，催吐并就医。

7. 异辛烷

异辛烷为危险化学品，易燃液体。储存时需要置于阴凉、通风的库房，远离火种、热源，库温不宜超过 30 ℃，保持容器密封。应与氧化剂分开存放，切忌混储。采用防爆型照明、通风设施。禁止使用易产生火花的机械设备和工具。储区应备有泄漏应急处理设备和合适的收容材料。使用时应穿戴好防护用具，密闭操作，全面通风。

8. 动植物油类采样质量控制

（1）采样时不可搅动水底部的沉积物。

（2）采样时应保证采样点的位置准确，必要时使用卫星定位系统。

（3）动植物油类样品不能满足平行双样，所以不需要做平行样品。

（4）动植物油类样品应在水面至水面下 300 mm 采集柱状水样，并单独采样，全部用于测定。采样瓶不能用采集的水样冲洗。

（5）如果水样中含沉降性固体，如泥沙等，应分离除去。分离方法为：将所采水样摇匀后倒入筒型玻璃容器，静置 30 min，将已不含沉降性固体但含有悬浮性固体的水样移入样品容器并加入固定剂。测定总悬浮物和油类的水样除外。

（6）BOD_5、溶解氧、硫化物、余氯、粪大肠菌群、悬浮物、放射性等项目要单独采样。

9. 红外测油仪

红外测油仪是指用红外分光光度法测定石油类和动植物油类的仪器，用于对工业废水和生活污水中石油类和动植物油类的简单、快速检测，能比较准确地反应工业废水和生活污水中油类物质的污染程度。红外测油仪不仅适用于地表水、地下水、海水、生活用水和工业废水等各种水体及土壤中石油类（矿物油）、动植物油及总油含量的监测，同时也是烟气（饮食行业油烟）含油量监测国家标准推荐的仪器。此外，还可用于有机试剂纯度检测及含各种不同 C–H 键有机物总量和分量的测量。

（1）朗伯—比尔定律

又称比尔定律、比耳定律、布格—朗伯—比尔定律，是光吸收的基本定律，用于描述物质对某一波长光吸收的强弱与吸光物质的浓度及其液层厚度间的关系。适用于所有的电磁辐射和所有的吸光物质，包括气体、固体、液体、分子、原子和离子。朗伯—比尔定律是吸光光度法、比色分析法和光电比色法的定量基础。光被吸收的量正比于光程中产生光吸收的分子数目。

（2）工作原理

当某单色光通过被测溶液时，其光能就会被吸收。光能被吸收的强弱与被测溶液的浓度成比例，符合比尔定律，公式如下。

$$A=\lg(1/T)=\lg(I_0/I)$$

式中 A——吸光度；

T——透过率；

I_0——入射光强度；

I——透射光强度。

（3）仪器结构

红外测油仪由光源、样品室、单色器、检测器和计算机组成。

1）光源。测定红外吸收光谱，需要能量较小的光源。稳定的固体在加热时产生的辐射可以满足红外光源的要求，常见的有以下几种。

①能斯特灯。能斯特灯的材料是稀土氧化物，其工作温度为 1 200~2 200 K。此种光源具有很大的负电阻温度系数，需要预先加热并设计电源电路用于控制电流强度，以免灯过热损坏。

②碳化硅（SiC）棒。工作温度为 1 300~1 500 K，与能斯特灯相反，碳化硅棒具有正的电阻温度系数，电触点需冷却以防放电。其辐射能量与能斯特灯接近，但在大于 2 000 cm^{-1} 区域能量输出远大于能斯特灯。

③白炽线圈。用镍铬丝螺旋线圈或铑线做成，工作温度约为 1 100 K，其辐射能量略低于前两种，但寿命长。

2）样品室。用于盛放样品的器皿，是光与物质发生作用的场所。

3）单色器。与紫外—可见分光光度计的单色器类似，红外单色器也是由准直镜和狭缝等构成。

4）检测器。常用的红外检测器有真空热电偶、热释电检测器和光电导检测器。

①真空热电偶。这是红外光谱仪中最常见的一种检测器。它利用不同导体构成回路时的温差电现象，将温差转变为电势差。它以一小片涂黑的金箔作为红外辐射的接受面，在金箔的另一面焊接有两种不同金属、合金或半导体为热结点，而在冷结点端（通常为室温）连有金属导线。此热电偶密封在真空度约为 7×10^{-7} Pa 的腔体内。在腔体上对着涂黑金属接受面的方向上开一小窗，窗口放置红外透光材料盐片。当红外辐射通过窗口射到金箔上时，热结点温度升高，与冷结点间产生温差电势，回路中就有电流通过，而且电流大小与红外辐射的强度成正比。该检测器可测到 10^{-6} K 的温度变化。

②热释电检测器。以硫酸三甘肽（$(NH_2CH_2COOH)_3H_2SO_4$）这类热电材料的单晶片为检测元件，其薄片（10~20 μm）的正面镀铬、反面镀金形成两个电极，与放大器连接，一起置于带有盐窗的高真空玻璃容器内。硫酸三甘肽的极化强度与温度有关，当红外光照射时引起温度升高，极化度降低，表面电荷减少，相当于因热而释放了部分电荷（称为热释电），这些电荷经过放大转变为电压或电流信号的方式进行测量。

热释电检测器的响应速度很快，可以跟踪频率的高速扫描，可用于傅里叶变换红外光谱仪中。

③光电导检测器。采用半导体材料薄膜，如半导体碲化镉和半金属化合物碲化汞混合物，将其置于非导电的玻璃表面，密闭于真空腔内，吸收辐射后半导体电阻降低，导电性能发生变化，从而产生检测信号。该检测器比热释电检测器灵敏，响应速度快，适于快速扫描测量和气相色谱—傅里叶变换红外光谱联机检测。但该检测器需在液氮温度下工作。

5）计算机。计算机用于显示测定数。

项目总体评价

项次	项目内容	建议权重	综合得分 （各活动加权平均分×权重）	备注
1	接受任务	10%		
2	制订计划	20%		
3	实施计划	45%		
4	验收交付	10%		
5	总结拓展	15%		
合计				教师签字：

请你根据上述评价表的得分情况，从职业道德、专业知识、技术技能等职业综合素质和行动能力方面进行评述，分析自己的优势和不足，描述对不足之处的改进措施。

备注：

学习任务四

工业废水中挥发酚的采集与测定

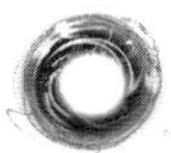

任务情景描述

钢铁生产企业排放的废水中含有挥发酚。挥发酚含量超标的工业废水排放后，会对水质及水体中的生物造成严重的危害，甚至造成鱼类大量死亡。为了判断排放的污水中挥发酚含量是否符合要求，某钢铁生产企业委托我市第三方检测机构对废水总排口污水进行采集，并对污水中挥发酚进行检测，检毕后的样品按照规范进行处理。到样后，24 小时内进行检测，7 个工作日内提供检测报告。

承担本次任务的人员应认真阅读任务单，查阅相关标准《钢铁工业水污染物排放标准》（GB 13456—2012）、《水质 挥发酚的测定 4—氨基安替比林分光光度法》（HJ 503—2009）、《污水监测技术规范》（HJ 91. 1—2019）、《污水综合排放标准》（GB 8978—1996）、《水质 样品的保存和管理技术规定》（HJ 493—2009）、《水质 采样技术指导》（HJ 494—2009）、《检验检测机构资质认定能力评价 检验检测机构通用要求》（RB/T 214—2017）和其他资料文献，检测人员能够严格遵守劳动纪律，制订采样计划及检测计划，准备仪器、试剂，采集样品并对其进行检测，确认原始记录单，并对数据处理结果进行复核，依据复核后的原始记录编制检测报告，报告经审核、批准后，送达委托人。

学习环节及学时分配表

环节序号	学习环节	学时安排	备注
1	接受任务	4 学时	
2	制订计划	8 学时	
3	实施计划	36 学时	
4	验收交付	4 学时	
5	总结拓展	4 学时	
总计		56 学时	

学习环节一　接受任务

1. 能与客户礼貌沟通，准确提取客户提供的有效信息；
2. 能独立、准确填写委托单，书写工整；
3. 能够依据委托单，制定任务下达单；
4. 培养执着专注、精益求精、一丝不苟和追求卓越的工匠精神，以及礼貌待人的职业素养。

建议学时：4

1. 根据本次任务的情景描述，提取关键信息并完成以下内容的填写。

（1）企业类型：________________。

（2）水质类别：________________。

（3）采样位置：________________。

（4）检测项目：________________。

（5）输出成果及时间要求：________________

________________。

（6）所需标准：________________

____

____

____

________________。

2. 根据客户委托内容，独立填写委托单。

委托单

委托编号：GHJC-WT-2022-004

<table>
<tr><td colspan="6">委托单位名称：________________________________
委托单位地址：________________________________
委托单位联系人： 联系电话：</td></tr>
<tr><td colspan="6">样品信息</td></tr>
<tr><td>样品名称</td><td colspan="2"></td><td colspan="2">样品状态及描述</td><td></td></tr>
<tr><td>样品类别</td><td colspan="2"></td><td colspan="2">样品数量</td><td></td></tr>
<tr><td>样品编号</td><td colspan="2"></td><td colspan="2">储存条件</td><td>□常温 □冷藏
□冷冻 □其他</td></tr>
<tr><td colspan="2">检测项目</td><td colspan="2">检测依据</td><td colspan="2">判定依据</td></tr>
<tr><td colspan="2"></td><td colspan="2"></td><td colspan="2"></td></tr>
<tr><td>检测周期
（特殊项目除外）</td><td colspan="5">□标准服务：到样后 7 个工作日，不另收费
□加急服务：到样后 5 个工作日，加收 50%加急费
□特急服务：到样后 3 个工作日，加收 100%加急费</td></tr>
<tr><td colspan="3">报告形式：
□检测报告 □数据报告单 □电子数据</td><td colspan="2">报告份数：____份</td><td>预计报告完成日期：</td></tr>
<tr><td colspan="6">注：2 份以上每份加收 30 元</td></tr>
<tr><td>报告发放方式</td><td colspan="5">□自取 □邮寄 □电子邮件</td></tr>
<tr><td>检测费用（元）</td><td colspan="5">检测费：____采样费：____加急费：____其他：________总计：________</td></tr>
<tr><td>发票信息</td><td colspan="5">□开票单位名称：________________________
□增值税专用发票 □增值税普通发票 □先不开发票</td></tr>
<tr><td>支付方式</td><td colspan="5">□现款已付 □取报告付款 □银行汇款 □定期结算（协议客户）</td></tr>
<tr><td rowspan="2">备注</td><td colspan="5">□同意分包，项目：</td></tr>
<tr><td colspan="5">□送样 □采样</td></tr>
</table>

续表

<table>
<tr><td>委托方声明：我方同意此委托单双方约定条款，并承诺报告完成日期前支付检测费用。
委托方代表（签字/盖章）：　　　　检测方代表（签字/盖章）：

日期：　　　　日期：</td></tr>
<tr><td>汇款信息
开户名称：×××检测技术有限公司
开户银行：交通银行北京×××支行
银行账号：110060980018800×××××</td></tr>
<tr><td>检测方信息：
单位名称：×××检测技术有限公司
单位地址：北京市朝阳区化工路甲××号
联系电话：010-58440×××</td></tr>
</table>

注：本委托书一式三份，甲方执一份，乙方执两份。甲方“委托方”和乙方“检测方”签字后协议生效。

3. 挥发酚的定义是什么？

4. 挥发酚对人体危害较大，是水环境优先监测的污染物。在日常的废水水质监测中挥发酚是重要必测项目之一。查阅资料，回答以下问题。

（1）查阅《污水综合排放标准》（GB 8978—1996），挥发酚是第________类污染物。

（2）酚类物质有哪些危害？

（3）水体中的酚类化合物主要来源于______________________________等行业产生的________。

（4）从污染防治的角度考虑，你认为企业应该如何减少挥发酚的排放？

5. 本次检测任务中使用的标准为《水质　挥发酚的测定　4—氨基安替比林分光光度法》（HJ 503—2009），请问检测水质挥发酚的标准还有哪些？并将对应的检测方法、适用范围及检出限填入表 4-1-1。

表 4-1-1　挥发酚检测标准表

检测标准	检测方法	适用范围	检出限

6. 在检测过程中应选择合适的检测标准及方法，请描述本次任务选择《水质　挥发酚的测定　4—氨基安替比林分光光度法》（HJ 503—2009）检测标准及方法的依据。

7. 为准确检测水样的挥发酚含量，写出检测时需要的水样量及水样的储存方式。

8. 请与同学组队，录制模拟接待客户的过程，并进行评价反思，参见表 4-1-2。

表 4-1-2 评价反思表

工作过程	评价指标	是/否	备注（解释说明）
接待客户来到业务室	能礼貌待人		
询问客户需求	能引导客户说出需求		
	能如实记录客户需求		
填写委托单	能与客户沟通，确认委托单位名称、委托单位地址、联系人、联系电话		
	能引导客户描述受检样品情况，并准确判断样品类别		
	能根据客户具体描述，给出建议的检测项目，并与客户确认		
	能依据检测项目，准确给出建议的检测标准，并与客户确认		
	能结合检测需求及检测标准给出判定要求，并与客户确认		
	能与客户沟通，确认采样时间；或能提示客户，如何正确采集及妥善保存样品		
	能与客户沟通，确认检测周期		
	能与客户沟通，确认需要检测报告份数及报告送达方式		
	能与客户沟通，确定检测费用，约定支付方式、发票信息等		
	能签订委托单		
送客户出门	能礼貌待人		

9. 依据委托单，完成采样任务下达单的填写，并下达至采样部门。

采样任务下达单

编号：GHJC-CYXD-2022-004

采样依据		检验项目	
采样地点			
采样时间		水质类别	
采水样量		现场检测项	
采样人			

参考性评价

学习环节	一级指标	二级指标	评价说明	配分	自评 ____%	互评 ____%	师评 ____%	评价指标
接受任务	关键信息提取	关键信息提取准确，无漏项	准确且齐全，共 8 分，不准或漏项每处扣 1 分，直至扣完	8				专业能力 信息获取能力
	委托单填写	信息填写准确、完整，字迹书写工整、清晰	准确且完整，不准或漏项每处扣 1 分，识别不出书写内容每处扣 1 分，直至扣完	20				综合职业能力
	挥发酚相关知识书写	挥发酚的定义、污染物类别、来源、危害书写正确，减少措施可行	挥发酚定义提取准确	3				专业能力 思政目标
			污染物类别书写正确	3				
			酚类物质危害概括全面，共 6 分，不准或漏项每处扣 2 分，直至扣完	6				
			挥发酚来源概括全面，不准或漏项每处扣 1 分，直至扣完	6				
			每提出一种合理有效的挥发酚减少措施，得 2 分	4				
	检测标准选择	检测标准选择准确	列举一个检测标准得 1 分，正确写出对应检测方法再得 1 分，正确写出对应方法的适用范围及检出限各得 1 分	12				
			总结出选择检测标准的依据，每正确提炼出一条得 2 分	8				

续表

学习环节	一级指标	二级指标	评价说明	配分	自评 ___%	互评 ___%	师评 ___%	评价指标
接受任务	水样量及储存方式选择	水样量及储存方式满足要求	水样量满足要求，得3分； 储存方式满足要求，得3分	6				专业能力 思政目标
	模拟接待客户	友善待人、礼貌接物，用规范语言进行准确的技术性沟通，对所获信息归纳总结	待人接物未体现礼仪修养，扣2分； 未能引导并记录客户需求，扣2分； 所获信息填写不准确每处扣1分，直至扣完	20				综合职业能力
	任务下达单	信息填写准确、完整，字迹书写工整、清晰	不准或漏项每处扣0.5分，识别不出书写内容每处扣0.5分，直至扣完	4				信息获取能力
合计				100				

<table>
<tr><td>请你根据上述评价表的得分情况，从职业道德、专业知识、技术技能等职业综合素质和行动能力方面进行评述，分析自己的优势和不足，并对不足之处提出改进措施。</td></tr>
<tr><td>备注：</td></tr>
</table>

学习环节二　制订计划

1. 能正确布控监测点位、选择采样方式、确定采样频次，保障样品具有代表性；
2. 能正确选择采样工具、样品容器、辅助用具及样品保存与运输方式，合理安排人员、时间及分工，完整制订采样计划；
3. 能编制试剂材料清单和仪器设备清单，梳理检测流程，完整制订检测计划。

建议学时：8

一、制订采样计划

1. 根据《污水监测技术规范》（HJ 91.1—2019）和《污水综合排放标准》（GB 8978—1996），挥发酚监测点位应设在________________________，在排放口必须设置____________、____________和____________。工业废水的采样频次按生产周期确定。生产周期在 8 h 以内的，每______________ h 采样一次；生产周期大于 8 h 的，每________ h 采样一次。对于钢铁生产企业的生产工艺过程连续且稳定，有污水处理设施并正常运行，污水稳定排放的，采样方式采用____________。

2. 小组讨论，准确写出本次任务监测点位、采样方式及采样频次。

3. 查阅资料，在表 4-2-1 中填写本次任务使用的采样工具名称、材质等信息。

表 4-2-1　　　　采样工具表

序号	名称	材质	备注

4. 本次任务需要用什么样品容器？查阅《水质　样品的保存和管理技术规定》（HJ 493—2009），填写表 4-2-2，并说明为什么需要用该类样品容器？

表 4-2-2　　　　样品容器表

项目	样品容器	体积	备注
挥发酚			

5. 参照《污水监测技术规范》（HJ 91.1—2019），判断下列说法是否正确。

（1）到达监测点位后，采样前先将采样容器及相关工具排放整齐。（　　）

（2）对照监测方案采集样品。采样时应直接采集，不用去除水面的杂物、垃圾等漂浮物，不可搅动水底部的沉积物。（　　）

（3）采样前要认真检查采样器具、样品容器及其瓶塞（盖），及时维修并更换采样工具中破损和不牢固的部件。（　　）

（4）采样结束后，核对监测方案、现场记录与实际样品数，如有错误或遗漏，记录即可，无须补采或重采。（　　）

（5）污水中挥发酚类在采样前先用水样荡涤采样容器和样品容器 2~3 次。（　　）

（6）采样完成后应在每个样品容器上贴上标签，同步填写现场记录。（　　）

6. 本次任务样品采集后，需要加入________和________固定剂，加入这两种固定剂的作用是什么？

7. 针对此次工业废水采样地点和水质特征，查阅《水质　样品的保存和管理技术规定》（HJ 493—2009）、《污水监测技术规范》（HJ 91.1—2019），描述挥发酚水样的保存与运输方式。

8. 请查阅资料，填写采样计划表4-2-3。

表4-2-3　　　　采样计划表

<table>
<tr><td colspan="8">采样计划表</td></tr>
<tr><td colspan="3">采样时间</td><td colspan="5"></td></tr>
<tr><td colspan="3">采样人员</td><td></td><td>辅助人员</td><td colspan="3"></td></tr>
<tr><td colspan="2">采样地点</td><td colspan="2">水质类别</td><td colspan="4">监测因子</td></tr>
<tr><td colspan="2"></td><td colspan="2"></td><td colspan="4"></td></tr>
<tr><td colspan="8">采样物品清单（设备、试剂、辅助用具）</td></tr>
<tr><td>序号</td><td colspan="5">物品名称</td><td>数量</td><td>备注</td></tr>
<tr><td></td><td colspan="5"></td><td></td><td></td></tr>
<tr><td></td><td colspan="5"></td><td></td><td></td></tr>
<tr><td></td><td colspan="5"></td><td></td><td></td></tr>
<tr><td></td><td colspan="5"></td><td></td><td></td></tr>
<tr><td></td><td colspan="5"></td><td></td><td></td></tr>
<tr><td></td><td colspan="5"></td><td></td><td></td></tr>
<tr><td></td><td colspan="5"></td><td></td><td></td></tr>
<tr><td></td><td colspan="5"></td><td></td><td></td></tr>
<tr><td></td><td colspan="5"></td><td></td><td></td></tr>
<tr><td></td><td colspan="5"></td><td></td><td></td></tr>
<tr><td></td><td colspan="5"></td><td></td><td></td></tr>
<tr><td></td><td colspan="5"></td><td></td><td></td></tr>
<tr><td></td><td colspan="5"></td><td></td><td></td></tr>
<tr><td></td><td colspan="5"></td><td></td><td></td></tr>
</table>

制表人：　　　　　　　　　　　　审核人：

二、制订检测计划

1. 查阅《水质 挥发酚的测定 4—氨基安替比林分光光度法》（HJ 503—2009），回答以下问题。

（1）地表水、地下水和饮用水宜用________（方法）检测，检出限为________，检测下限为________，检测上限为________。

（2）工业废水和生活污水宜用________（方法）检测，检出限为________，检测下限为________，检测上限为________。

（3）对于质量浓度高于标准检测上限的样品，可适当________后进行检测。

2. 本次任务需要检测的项目是挥发酚，它是指随________蒸馏出并能和________反应生成________化合物的挥发性酚类化合物，结果以________计。

3. 查阅《水质 挥发酚的测定 4—氨基安替比林分光光度法》（HJ 503—2009），对比萃取分光光度法和直接分光光度法的方法原理，填写表 4-2-4。

表 4-2-4 萃取分光光度法和直接分光光度法比较表

方法	相同之处	不同之处

4. 查阅资料，回答以下问题。

（1）蒸馏的原理是利用________的差别，使液体混合物部分汽化并随之使蒸气部分冷凝，从而实现其所含各组分的分离。

（2）蒸馏装置所需的玻璃仪器有：________________________。

5. 梳理与分析《水质 挥发酚的测定 4—氨基安替比林分光光度法》（HJ 503—2009）标准，完成下列题目，并制订检测计划。

（1）请阅读标准，列出检测过程中需要使用的试剂与材料，填写表 4-2-5。

表 4-2-5　　　　　　　　　　试剂与材料清单

序号	名称	规格（纯度/体积）	是否需要配制	保存时间

（2）在上述试剂与材料清单中，部分试剂需要配制，应如何配制？请填写表 4-2-6。

表 4-2-6　　　　　　　　　　试剂配制清单

序号	名称	浓度	配制量	配制方法

（3）阅读标准，请列举出检测过程中需要的仪器设备，填写表 4-2-7。

表 4-2-7　　　　仪器设备清单

序号	名称	规格/型号	数量	用途

6. 请制订检测计划，填写表 4-2-8。

表 4-2-8　　　　检测计划表

<table>
<tr><td colspan="5">检测计划表</td></tr>
<tr><td>检测完成日期</td><td colspan="4"></td></tr>
<tr><td>样品编号</td><td colspan="2">检测项目</td><td colspan="2">检测依据</td></tr>
<tr><td></td><td colspan="2"></td><td colspan="2"></td></tr>
<tr><td></td><td colspan="2"></td><td colspan="2"></td></tr>
<tr><td></td><td colspan="2"></td><td colspan="2"></td></tr>
<tr><td colspan="5">检测物品清单（试剂和材料、仪器设备等）</td></tr>
<tr><td>序号</td><td>物品</td><td>数量</td><td colspan="2">备注</td></tr>
<tr><td></td><td></td><td></td><td colspan="2"></td></tr>
<tr><td></td><td></td><td></td><td colspan="2"></td></tr>
<tr><td></td><td></td><td></td><td colspan="2"></td></tr>
<tr><td></td><td></td><td></td><td colspan="2"></td></tr>
<tr><td rowspan="2">主要步骤</td><td colspan="3">工作描述</td><td>工作时长</td></tr>
<tr><td colspan="3"></td><td></td></tr>
</table>

制表人：　　　　　　　　　　审核人：

参考性评价

学习环节	一级指标	二级指标	评价说明	配分	自评 ____%	互评 ____%	师评 ____%	评价指标
制订计划	监测点位布控	监测点位布控正确、采样频次及方式选择正确	监测点位设置正确，不准或漏项每处扣1分，直至扣完，共4分； 采样频次填写正确，不准或漏项每处扣1分，直至扣完，共2分； 采样方式填写正确，不准或漏项每处扣1分，直至扣完，共1分	7				
			监测点位布控、采样方式及采样频次符合标准要求，各1分	3				
	采样工具选择	采样工具选择正确	采样工具名称、材质填写正确，不准或漏项每处扣1分，直至扣完	3				
	样品容器选择	样品容器选择正确	挥发酚水样的采集样品容器、体积填写正确，每处1分； 该类容器选用原因解释正确，4分	6				
	采集样品步骤判断	采集样品步骤符合标准要求	准确判断样品采集步骤正确性，每题1分	6				
	固定剂选用	固定剂选用准确	固定剂加入名称填写正确，不准或漏项每处扣1分，直至扣完，共2分； 固定剂的作用书写正确，1分	3				

续表

学习环节	一级指标	二级指标	评价说明	配分	自评 ____%	互评 ____%	师评 ____%	评价指标
制订计划	水样保存及运输方式书写	挥发酚水样的保存与运输方式符合标准要求	样品保存与运输方式书写正确，内容不准或漏项每处扣 1 分，直至扣完	2				
	采样计划表书写	采样计划制订规范合理，满足任务需求	人员安排及分工合理，得 1 分； 时间安排合理，得 1 分； 采样路线设计合理，得 2 分； 水质类别及监测因子书写正确，每项 1 分，共计 2 分； 采样物品清单罗列完整、正确，不准或漏项每处扣 1 分，共 7 分； 识别不出书写内容每处扣 1 分	13				
	检测标准信息提取	检测标准信息提取准确	检测方法、检测限、测定下限等信息填写正确，不准或漏项每处扣 1 分	9				
		挥发酚检测原理填写准确	挥发酚检测原理填写准确，不准或漏项每处扣 1 分	4				
		萃取分光光度法和直接分光光度法比较提取准确、齐全	两种方法的异同点提取准确、齐全，提取出一点得 1 分，合计 4 分	4				

续表

学习环节	一级指标	二级指标	评价说明	配分	自评 ____%	互评 ____%	师评 ____%	评价指标
制订计划	蒸馏知识书写	蒸馏的原理及装置书写正确	蒸馏的原理填写准确	3				
			蒸馏装置的组成书写准确、齐全，不准或漏项每个部件扣1分，直至扣完	4				
	试剂与材料、仪器设备清单书写	试剂与材料清单正确齐全	试剂与材料清单正确齐全，不准、漏项或多项每处扣1分，直至扣完	10				
			溶液配制种类齐全，配制方法正确，漏项每处扣1分，不准每处扣1分，直至扣完	7				
		仪器设备清单列举齐全	仪器设备清单列举齐全，不准或漏项每处扣0.5分，直至扣完	1				
	检测计划表书写	检测计划制订规范合理，满足任务需求	检测项目、检测依据填写正确，每项1分，共2分； 检测物品清单完整、正确，内容不准或漏项每处扣0.5分，共3分； 检测步骤共10分，内容不准或漏项每处扣1分，顺序错误每处扣2分	15				
合计				100				

请你根据上述评价表的得分情况，从职业道德、专业知识、技术技能等职业综合素质和行动能力方面进行评述，分析自己的优势和不足，并对不足之处提出改进措施。
备注：

学习环节三　实施计划

1. 能团队合作规范完成样品采集、保存和运输；
2. 能安全使用磷酸、硫酸铜、三氯甲烷、乙醚等危险化学品；
3. 能熟练使用全玻璃蒸馏装置完成样品预蒸馏；
4. 能按照《水质　挥发酚的测定　4—氨基安替比林分光光度法》（HJ 503—2009）标准，安全规范地完成工业废水中挥发酚值的测定；
5. 能按照修约法则对检测结果进行计算与修约；
6. 能严格执行“6S”管理规定，并按《中华人民共和国环境保护法》和《中华人民共和国固体废物污染环境防治法》处理废物；
7. 培养热爱劳动、辛勤劳动的劳动精神，精益求精、执着专注的工匠精神，提升安全环保、责任和质量意识等职业素养，具有主动性和团队合作能力。

建议学时：36

一、采集样品

1. 本次任务采样过程中涉及的危险化学品有哪些？查阅资料及相关标准，总结梳理相关危险化学品的危险性说明、应急处置措施、领用要求及注意事项，填写表 4–3–1。

表 4–3–1　　危险化学品领用登记表

化学品名称	危险性说明	应急处置措施	领用要求及注意事项

2. 领取磷酸、硫酸铜危险化学品时，填写危险化学品领用登记表4-3-2、表4-3-3。

表 4-3-2 危险化学品领用登记表

试剂名称					试剂规格				
出库日期	出库数量	领用人		回库日期	回库数量	使用量	签发人签字		备注

表 4-3-3 危险化学品领用登记表

试剂名称					试剂规格				
出库日期	出库数量	领用人		回库日期	回库数量	使用量	签发人签字		备注

3.《水质 挥发酚的测定 4—氨基安替比林分光光度法》（HJ 503—2009）要求采样后及时加入磷酸溶液（1+9）。

（1）1+9 是指________，________份磷酸和________份蒸馏水。

（2）配制磷酸溶液（1+9）时，应该将__________缓慢注入__________中，并用________不断搅拌，这是因为____________________________。

（3）使用磷酸溶液（1+9）时，需要佩戴________，避免________。

4. 依据采样计划及《水质 采样指导技术》（HJ 494—2009），领取采样物品，填写表 4-3-4。

表 4-3-4 采样物品表

序号	名称	数量	作用	是否已有	备注

续表

序号	名称	数量	作用	是否已有	备注

5. 在采样之前，需要洗涤采样工具、样品容器和调试采样器具。查阅《污水监测技术规范》（HJ 91.1—2019）和《水质　样品的保存和管理技术规定》（HJ 493—2009）等资料，回答以下问题。

挥发酚采样工具、样品容器应如何进行洗涤？合格的标准是什么？

6. 查阅《水质　采样方案设计技术规定》（HJ 495—2009）、《水质　采样技术指导》（HJ 494—2009）、《水质　样品的保存和管理技术规定》（HJ 493—2009），判断以下操作是否正确。

（1）采样前要认真检查采样器具、样品容器及其瓶塞（盖），及时维修并更换采样工具中破损和不牢固的部件。样品容器确保已盖好，减少污染的机会并安全存放。（　　）

（2）采样前先用水样荡涤采样容器和样品容器 2~3 次。（　　）

（3）现场采样时至少两人同时在场。（　　）

（4）监测过程中配备必要的防护设备、急救用品。现场采样时，若采样位置附近有腐蚀性、高温、有毒、挥发性、可燃性物质，须穿戴防护用具。现场监测人员要特别注意安全，避免滑倒落水，必要时应穿戴救生衣。（　　）

（5）采集平行样品，应该采完一瓶再采一瓶。（　　）

（6）采集平行样品，应先大批量采集，用塑料桶采集约 20 kg 样品，再用虹吸装

置同时分装，或者利用管子交替放水分装。（ ）

（7）每 30 min 采集一次样品，共采样 3~4 次。（ ）

（8）样品中氧化剂的检验无须在现场进行。（ ）

（9）在样品采集现场，用淀粉—碘化钾试纸检测样品中有无游离氯等氧化剂的存在。若试纸变蓝，应及时加入过量硫酸亚铁去除。（ ）

（10）采集后的测定挥发酚的样品应在现场加入固定剂，依次加入磷酸和磷酸亚铁。（ ）

7. 挥发酚样品采集后，需要去除氧化剂的干扰，回答以下问题。

（1）如何判断水样中是否存在氧化剂？

（2）如果不消除氧化剂，对样品中挥发酚测定有什么影响？

（3）如果存在氧化剂，应该如何去除？如何判断是否去除完全？

（4）何时去除氧化剂比较合适？为什么？

8. 挥发酚样品采集完毕后，逐滴加入________酸化，用________测试其 pH 值，调节水样 pH 值至约________，并加入适量硫酸铜，1 000 mL 的水样中加入约 1 g 的硫酸铜，使样品中硫酸铜质量浓度约为________。

（1）固定剂加入多少的量合适？

（2）为什么要达到这个标准？

9. 挥发酚水样的采集过程中如果产生污染将影响测定结果，请写出采样过程中哪些情况会对挥发酚水样产生污染？

10. 请设计样品标签并在 2 个平行样品、1 个空白样品的样品容器上贴上信息填写规范的样品标签。分组开展竞赛，将采样瓶标签拍照上传至教学平台，评价指标参见表 4-3-5。

表 4-3-5 样品标签书写及粘贴评价表

评价指标	备注（解释说明）	是/否	得分
样品标签的元素	样品标签的元素齐全（采样目的、项目唯一性编号、位置、监测点数目、采样时间、保存剂的加入量、采样人员）		
标签能否区分	平行样品和空白样品的样品标签序号能区分		
样品标签设计及填写的速度	能否在 10 min 以内完成		

11. 请规范填写采样原始记录单。

采样原始记录单

编号：GHJC-CYJL-2022-004

<table>
<tr><td>委托单位名称</td><td colspan="2"></td><td colspan="2">水质类别</td><td></td><td colspan="3">采样日期</td><td></td></tr>
<tr><td>环境湿度（%）</td><td colspan="2"></td><td colspan="2">大气压（Pa）</td><td></td><td colspan="3">环境温度（℃）</td><td></td></tr>
<tr><td>采样方法</td><td colspan="9">□《污水监测技术规范》（HJ 91. 1—2019） □《地表水和污水监测技术规范》（HJ/T 91—2002）
□《地下水环境监测技术规范》（HJ 164—2020） □《医疗机构水污染物排放标准》（GB 18466—2005）</td></tr>
<tr><td rowspan="2">采样点位置
环境描述</td><td rowspan="2">采样时间</td><td rowspan="2">采样点深度
（m）</td><td rowspan="2">采样点水温
（℃）</td><td rowspan="2">采样体积
（L）</td><td rowspan="2">分析项目</td><td colspan="3">水质物理性状</td><td rowspan="2">样品编号</td></tr>
<tr><td>透明度</td><td>颜色</td><td>气味</td></tr>
<tr><td></td><td></td><td></td><td></td><td></td><td></td><td></td><td></td><td></td><td></td></tr>
<tr><td></td><td></td><td></td><td></td><td></td><td></td><td></td><td></td><td></td><td></td></tr>
<tr><td></td><td></td><td></td><td></td><td></td><td></td><td></td><td></td><td></td><td></td></tr>
<tr><td></td><td></td><td></td><td></td><td></td><td></td><td></td><td></td><td></td><td></td></tr>
<tr><td></td><td></td><td></td><td></td><td></td><td></td><td></td><td></td><td></td><td></td></tr>
<tr><td></td><td></td><td></td><td></td><td></td><td></td><td></td><td></td><td></td><td></td></tr>
</table>

采样人： 复核人： 受检方签字：

12. 保存和运输挥发酚样品时，如何操作才能保证样品保存条件符合要求？

13. 本次任务采样过程中会产生很多的废物，请列举出相关的废物，并查阅《中华人民共和国环境保护法》和《中华人民共和国固体废物污染环境防治法》，写出这些废物的处理方式，填写表 4-3-6。

表 4-3-6　废物处理表

序号	废物名称	废物的处理方式	如果处理不当会产生的危害
1			
2			
3			
4			
5			

14. 请按照交接样品流程，与样品管理人员完成交接，并填写样品交接单。

样品交接单

序号	委托编号	样品编号	样品类别	收样日期	样品检查			交样人	接收人	样品留存	样品处置日期	处置人
					时效性	完整性	保存条件					
										□是 □否		
										□是 □否		
										□是 □否		
										□是 □否		
										□是 □否		
										□是 □否		
										□是 □否		
										□是 □否		
										□是 □否		
										□是 □否		
										□是 □否		

15. 在交接过程中，除交接样品外，请填写采样物品交接表 4-3-7。

表 4-3-7　　采样物品交接表

序号	名称	是否需要交接	备注

16. 流转人员应确认样品性状等情况是否与采样原始记录单一致。

（1）样品性状，填写表 4-3-8。

表 4-3-8　　样品性状表

项目	状态
色度	
浊度	
气味	
pH 值	
其他	

（2）样品的数量。

（3）其他方面。

17. 核对样品编号、数量、状态，填写检测任务下达单。

检测任务下达单

编号：GHJC-JCXD-2022-004

样品名称		样品数量		样品来源	□采样 □送样
采/送样日期		样品交接人		样品存放状态	□室温 □冷藏 □冷冻
接样日期		任务下达时间		任务完成时间	
检测项目分配					
样品编号	样品描述	理化	无机	有机	微生物
		□色度 □浑浊度 □气味 □pH □总硬度	□铜 □铅 □锰 □铁 □氯化物 □硫酸盐	□化学需氧量 □挥发酚 □总有机碳 □生化需氧量 □总需氧量 □亚硝酸盐氮 □硝酸盐氮 □氨氮	□菌落总数 □大肠杆菌 □耐热大肠菌群 □总大肠菌群
		接收人	接收人	接收人	接收人

二、检测样品

1. 参照检测计划，小组合作进行检测前仪器及试剂配制等准备工作，填写表4-3-9。

表4-3-9 任务分工表

序号	任务内容	负责人
1	领取实验所需的化学试剂	
2	易制毒品三氯甲烷、乙醚的领用	
3	领取实验所需的容量瓶、吸量管、分液漏斗等玻璃仪器和蒸馏装置	
4	领取比色皿，检查分光光度计的使用情况	
5	制备无酚水，配制酚标准储备液、硫代硫酸钠标准溶液和其他辅助试剂	
6	配制和提纯4-氨基安替比林溶液	
7	清洗玻璃器皿，测试分液漏斗，搭建蒸馏装置	
8	比色皿配套性检验	

2. 本次任务检测过程中涉及的危险化学品有哪些？查阅危险化学品SDS或登录国家危险化学品安全公共服务互联网平台，总结梳理相关危险化学品知识和领用规定，填写表4-3-10。

表4-3-10 危险化学品领用登记表

化学品名称	危险性说明	应急处置措施	领用要求及注意事项

3. 领取三氯甲烷、乙醚、4—氨基安替比林时，填写易制毒危险化学品领用登记表 4-3-11 至表 4-3-13。

表 4-3-11　　危险化学品领用登记表

试剂名称					试剂规格				
出库日期	出库数量	领用人		回库日期	回库数量	使用量	签发人签字		备注

表 4-3-12　　危险化学品领用登记表

试剂名称					试剂规格				
出库日期	出库数量	领用人		回库日期	回库数量	使用量	签发人签字		备注

表 4-3-13　　危险化学品领用登记表

试剂名称					试剂规格				
出库日期	出库数量	领用人		回库日期	回库数量	使用量	签发人签字		备注

4. 请按照《水质　挥发酚的测定　4—氨基安替比林分光光度法》（HJ 503—2009）要求，规范完成试剂配制，记录原始数据，填写表 4-3-14。

表 4-3-14　　试剂配制原始数据记录

序号	名称	是否标准溶液	浓度	原始数据记录（m、V）
1				$m=$ $V=$
2				$m=$ $V=$

续表

序号	名称	是否标准溶液	浓度	原始数据记录（m、V）
3				$m=$ $V=$
4				$m=$ $V=$
5				$m=$ $V=$
6				$m=$ $V=$

5. 查阅《水质　挥发酚的测定　4—氨基安替比林分光光度法》（HJ 503—2009）和相关资料，学习本次任务中作为显色剂的4—氨基安替比林溶液的知识，完成4—氨基安替比林溶液的配制和提纯，并回答以下问题。

（1）如何配制和提纯4—氨基安替比林溶液？

（2）配制和提纯4—氨基安替比林溶液的合格标准是什么？

（3）提纯的4—氨基安替比林溶液如果不合格，对实验结果有何影响？

6. 硫代硫酸钠溶液配制完成以后，需要对溶液进行标定。请完成标定任务，记录数据，填写表 4-3-15，计算并回答以下问题。

表 4-3-15 硫代硫酸钠溶液标定数据记录

滴定次数	1	2	3	4
重铬酸钾标准溶液的浓度				
消耗滴定液的体积				
硫代硫酸钠的浓度				
硫代硫酸钠浓度的平均值				
极差				
四平行相对极差（%）				
双人八平行相对极差（%）				

完成填空：

（1）标定过程中，当溶液的颜色由________变为________再变到________即达到终点。

（2）由于硫代硫酸钠溶液见光易变质，因此每次临用前必须__________，并且应做________。

7. 查阅《水质 挥发酚的测定 4—氨基安替比林分光光度法》（HJ 503—2009）和相关资料，填写表 4-3-16。

表 4-3-16 样品检测操作流程梳理表

序号	操作流程	操作图示	方法步骤

8. 在实施检测之前请消除挥发酚水样中的干扰，并为下列干扰物质匹配对应的消除方法。

干扰物质的消除方法	干扰物质
在酸性（pH<0.5）条件下，通过预蒸馏分离	油类
样品静置分离出浮油后，按照还原性物质的消除方法处理	硫化物
取适量样品于分液漏斗中，加硫酸溶液酸化，加入乙醚以萃取酚；合并乙醚层于另一分液漏斗，加入氢氧化钠溶液进行反萃取，使酚类转入氢氧化钠溶液中；合并碱萃取液，移入烧杯中，置于水浴上加温，以除去残余乙醚，然后用水将碱萃取液稀释到原分取样品体积	苯胺类
加磷酸酸化，置通风橱内，搅拌曝气，直至生成的硫化氢完全逸出	还原性物质

9. 写出挥发酚的物理化学性质。

10. 本次任务采用全玻璃蒸馏装置来进行预蒸馏的原因是________，实验过程用水是________。

11. 蒸馏装置的搭建质量直接影响蒸馏效果，对挥发酚含量测定结果准确度产生影响，同时会造成安全问题。小组讨论，以小组为单位绘制蒸馏流程图。

12. 为安全操作和防止对挥发酚样品测定结果产生干扰，搭建蒸馏装置和使用蒸馏装置进行预蒸馏时，请补充完整以下注意事项。

（1）蒸馏装置是____________________。

（2）使用的蒸馏设备不宜与____________________的蒸馏设备混用。

（3）每次试验前后，应____________________整个蒸馏设备。

（4）蒸馏装置需要____________________连接。

（5）不得用__________________连接蒸馏瓶及冷凝器，用__________________。

（6）加入数粒____________________防止溶液暴沸。

（7）冷却循环水从冷凝管的__________________进，从__________________出。

（8）连接冷凝器，加热蒸馏，收集________ mL 馏出液至________ mL 容量瓶中。

（9）蒸馏结束后，先____________，再____________，防止____________。

13. 请完成水样的预蒸馏，甲基橙指示液的作用是什么？蒸馏结束后，若发现甲基橙红色褪去，是什么原因？如何处理？

14. 请完成样品的显色操作，并思考显色时间为什么要 10 min？

15. 分液时上层液体从__________倾出，下层液体从__________流出。本次任务要收集分液漏斗__________层液体，需要在分液漏斗颈管内塞入__________，其目的是____________________________。

16. 针对本次任务，指出分光光度计操作过程中有哪些注意事项？

17. 请规范填写检测原始记录单。

挥发酚检测原始记录单

编号：GHJC-JCJL-2022-004

<table>
<tr><td>检测项目</td><td></td><td>接样日期</td><td></td><td>检测日期</td><td colspan="2"></td><td colspan="2">质控信息</td></tr>
<tr><td rowspan="2">样品类别</td><td rowspan="2"></td><td rowspan="2">环境温湿度</td><td rowspan="2">____℃ ____%</td><td rowspan="2">空白 A_0</td><td>A_{01} =</td><td rowspan="2">A_0 =</td><td>质控样编号</td><td></td></tr>
<tr><td>A_{02} =</td><td>质控样来源</td><td></td></tr>
<tr><td rowspan="2">检测依据</td><td rowspan="2" colspan="3"></td><td rowspan="2">检出限</td><td rowspan="2" colspan="2"></td><td>标准值浓度</td><td></td></tr>
<tr><td>结果评价</td><td></td></tr>
<tr><td rowspan="5">主要仪器设备
（型号/编号）</td><td rowspan="5" colspan="2">分光光度计________
其　　他________</td><td rowspan="3" colspan="4">比色皿________mm　波长________nm</td><td colspan="2">单点校正</td></tr>
<tr><td>浓度（μg）</td><td></td></tr>
<tr><td>计算浓度（μg）</td><td></td></tr>
<tr><td rowspan="2">计算公式</td><td rowspan="2" colspan="3"></td><td>吸光度</td><td></td></tr>
<tr><td>相对偏差</td><td></td></tr>
<tr><td rowspan="4">主要实验
过程</td><td rowspan="4" colspan="6"></td><td colspan="2">曲线信息</td></tr>
<tr><td>绘制日期</td><td></td></tr>
<tr><td>曲线方程</td><td></td></tr>
<tr><td>相关系数 r</td><td></td></tr>
<tr><td>序号</td><td>样品编号</td><td>稀释倍数 d</td><td>取样体积 V（mL）</td><td>吸光度 A</td><td colspan="2">质量 m（μg）</td><td>结果 X（mg/L）</td><td>平均值（mg/L）</td></tr>
<tr><td></td><td></td><td></td><td></td><td></td><td colspan="2"></td><td></td><td></td></tr>
<tr><td></td><td></td><td></td><td></td><td></td><td colspan="2"></td><td></td><td></td></tr>
<tr><td></td><td></td><td></td><td></td><td></td><td colspan="2"></td><td></td><td></td></tr>
</table>

检测员：　　　　　　　　　　校核人：

18. 关机和结束工作。

（1）蒸馏装置：____。

（2）容量瓶、吸量管、分液漏斗等玻璃仪器：____。

（3）比色皿：____。

（4）分光光度计：____。

（5）其他：____。

19. 本次任务检测过程中会产生很多的废物，请列举出相关的废物，并查阅《中华人民共和国环境保护法》和《中华人民共和国固体废物污染环境防治法》，写出这些废物的处理方式，填写表 4-3-17。

表 4-3-17　　　　　　　　废物处理表

序号	废物名称	废物的处理方式	如果处理不当会产生的危害
1			
2			
3			

20. 检测结果数据处理与判定。

依据《水质　挥发酚的测定　4—氨基安替比林分光光度法》（HJ 503—2009），请判断下列有效数字的保留是否正确，如果不正确，请改正。

（1）水质挥发酚的检测结果是 1.5 mg/L。（　　）

（2）水质挥发酚的检测结果是 0.089 51 mg/L。（　　）

21. 查阅资料，实验室定期对水质挥发酚项目进行质控样的检测和分析，进行 8 次检测，得到下列结果：1.58 mg/L、1.49 mg/L、1.53 mg/L、1.47 mg/L、1.52 mg/L、1.50 mg/L、1.43 mg/L、1.48 mg/L。试用 Q 检验法判断有无可疑值需弃去（置信度为 90%）。

参考性评价

学习环节	一级指标	二级指标	评价说明	配分	自评 ___%	互评 ___%	师评 ___%	评价指标
实施计划	采样物品准备	危险化学品的危险性说明、应急处置措施、领用及注意要求准确	采样过程中涉及的危险化学品提取准确、无遗漏，不准或漏项每处扣0.5分，直至扣完	1				专业能力 岗位责任意识 安全意识
			危险化学品的危险性说明准确、齐全，不准或漏项每处扣0.5分，直至扣完	1				
			危险化学品的应急处置措施描述准确且全面，不准或漏项每处扣0.5分，直至扣完	3				
			危险化学品的领用及注意事项提取准确，不准或漏项每处扣0.5分，直至扣完	2				
			磷酸、硫酸铜领取程序规范，4分； 危险化学品领用登记表填写完整、准确，共4分，不准或漏项每处扣0.5分，直至扣完	8				
		磷酸的配制正确	磷酸（1+9）的含义填写准确，每处1分，不准或漏项每处扣1分，直至扣完； 磷酸（1+9）配制方法填写正确，每处1分，不准或漏项每处扣1分，直至扣完； 磷酸（1+9）配制过程中安全防护内容书写正确，每处1分，不准或漏项每处扣1分，直至扣完	9				

续表

学习环节	一级指标	二级指标	评价说明	配分	自评 ___%	互评 ___%	师评 ___%	评价指标
实施计划	采样物品准备	采样物品准备齐全	采样工具及辅助用具领取齐全，得 2 分，每少一个扣 0.5 分，直至扣完； 采样工具及辅助用具状态确认良好，能够满足使用，得 2 分，每错判一个扣 0.5 分，直至扣完	4				专业能力 团队合作能力 安全意识
			样品容器洗涤方法书写正确，得 1 分； 合格标准书写正确，得 1 分	2				
	样品采集	样品采集符合要求	挥发酚样品采集相关操作判断正确每题 0.5 分，错误不得分	5				
		氧化剂去除正确	样品中是否存在氧化剂判断方法描述准确	2				
			样品中氧化剂存在对挥发酚的影响描述准确	1				
			样品中氧化剂去除方法填写正确，得 1 分； 去除是否完全判断正确，得 1 分	2				
			去除样品中氧化剂的时间描述准确，原因解释合理	2				

续表

学习环节	一级指标	二级指标	评价说明	配分	自评 ____%	互评 ____%	师评 ____%	评价指标
实施计划	样品采集	固定剂加入正确	样品中固定剂加入准确，每处 0.5 分，不准或漏项每处扣 0.5 分，直至扣完	2				专业能力 团队合作能力 安全意识
			固定剂加入量书写正确	2				
			固定剂加入一定量原因解释正确	2				
		样品污染源提取正确	采集水样期间导致样品污染的来源提取正确，每提取正确 1 条加 0.5 分	4				
	水样标签填写与粘贴	水样标签的填写与粘贴正确	样品标签元素齐全，不准或漏项扣 1 分，直至扣完	7				
			平行样品和空白样品标签中，每 2 个之间区分开，得 1 分	3				
			标签设计及填写速度，5 min 以内得 3 分，5~10 min 得 2 分，10 min 以上得 1 分	3				
	采样原始记录单填写	采样原始记录单填写内容准确、规范	委托单位、水质类别、采样日期、环境湿度、大气压、环境温度填写正确，不准或漏项每处扣 0.5 分，共 3 分； 采样方法选择正确，得 2 分； 采样点深度、采样点水温、采样体积填写准确，不准或漏项每处扣 0.5 分，共 1.5 分； 水质物理性状描述准确，不准或漏项每处扣 0.5 分，共 1.5 分； 记录单填写规范，有涂改、划痕每处扣 1 分，共 2 分	10				综合职业能力 安全意识 环保意识

续表

学习环节	一级指标	二级指标	评价说明	配分	自评 ___%	互评 ___%	师评 ___%	评价指标
实施计划	样品保存	水质样品保存方式符合任务要求	样品保存方式描述准确	1				岗位责任意识 沟通表达能力
	废物处理	废物处理方式正确	采样过程中废物处理方式及处理不当的危害书写正确，如有任一漏项或不准，本题不得分	4				
	样品流转	样品交接符合标准要求	水样核对准确，未核对或不准确扣 2 分； 样品交接单内容不准或漏项每处扣 0.5 分，共 3 分； 采样物品交接符合任务要求，未交接或交接错误每次扣 1 分，直至扣完，共 2 分； 样品流转确认信息填写正确，不准或漏项每处扣 0.5 分，共 2 分	9				
			采样物品交接表名称填写正确，是否需要交接判断准确，每错误一处扣 1 分，直至扣完	3				
		样品确认无误	流转人员确定样品及样品性状填写正确，不准或漏项每处扣 1 分，直至扣完	4				
		检测任务下达单填写正确	内容不准或漏项每处扣 0.5 分，直至扣完	5				

续表

学习环节	一级指标	二级指标	评价说明	配分	自评 ___%	互评 ___%	师评 ___%	评价指标
实施计划	人员分工	检测环节任务分工合理	任务分工合理，如出现一人完成所有任务，此项得0分； 危险化学品领取出现一人完成扣2分	4				岗位责任意识 沟通表达能力
	三氯甲烷、乙醚、4—氨基安替比林领取	三氯甲烷、乙醚、4—氨基安替比林危险性、应急处置措施、领用要求及注意事项提取正确	三氯甲烷、乙醚、4—氨基安替比林危险性、应急处置措施、领用要求及注意事项提取正确，不准或漏项每处扣0.5分，直至扣完	6				
		三氯甲烷、乙醚、4—氨基安替比林领取程序规范	三氯甲烷、乙醚、4—氨基安替比林领取程序规范，得1分； 危险化学品领用登记表填写完整、准确，不准或漏项每处扣0.5分，直至扣完	3				
	溶液配制与标定	溶液配制符合标准要求	配制量、试剂消耗量合理，得1分； 标准溶液浓度偏差≤5%，未在范围内此项得0分	3				
		4—氨基安替比林配制和提纯正确	4—氨基安替比林配制和提纯步骤书写准确，不准或漏步骤的扣0.5分，配制步骤顺序错误每处扣1分，直至扣完	3				

续表

学习环节	一级指标	二级指标	评价说明	配分	自评 ____%	互评 ____%	师评 ____%	评价指标
实施计划	溶液配制与标定	4—氨基安替比林配制和提纯正确	4—氨基安替比林配制和提纯合格标准书写正确，得 3 分	3				岗位责任意识 沟通表达能力
			4—氨基安替比林配制和提纯不合格的影响书写正确	1				
			规范配制和提纯 4—氨基安替比林溶液，符合标准要求得 3 分，不符合要求不得分	3				
	标准滴定溶液标定	标准滴定溶液标定符合标准要求	四平行标定极差≤0. 15%，得 2 分； 0. 15%<极差≤0. 50%，得 1 分； 极差大于 0. 50%，得 0 分； 双人八平行极差≤0. 18%，得 2 分； 0. 18%<极差≤0. 50%，得 1 分； 极差大于 0. 50%，得 0 分	4				
			标定终点颜色填写正确，标定要求填写正确，每处 1 分，不准或漏项每处扣 1 分，共计 3 分； 硫代硫酸钠配置和标定要求填写准确，每处 0. 5 分，共计 1 分	4				
	水样挥发酚的测定	检测过程完善	操作步骤准确完成，不准、漏项或者顺序错误每处扣 0. 5 分，直至扣完	5				

续表

学习环节	一级指标	二级指标	评价说明	配分	自评 ___%	互评 ___%	师评 ___%	评价指标
实施计划	水样挥发酚的测定	干扰的消除正确	干扰物质的消除方法匹配准确，每匹配正确一个得 0.5 分	2				岗位责任意识 沟通表达能力
			挥发酚水样中的干扰物质消除正确	3				
		预蒸馏操作正确	挥发酚的理化性质准确齐全，每答对一点得 0.5 分	3				
			采用全玻璃蒸馏装置的原因描述准确，用水符合标准，每处 1 分	2				
			蒸馏流程图绘制准确，不准或漏项每处扣 1 分，直至扣完，共计 3 分； 绘制美观，得 1 分	4				
			搭建和使用蒸馏装置注意事项填写准确，每处 0.5 分，不准或漏项不得分	7				
			预蒸馏后甲基橙褪色原因描述准确，得 1 分； 处理措施得当，得 1 分	2				
			预蒸馏操作规范	2				
		显色操作正确	显色时间 10 min 原因解释准确	1				
			显色操作规范	1				
		萃取操作正确	分液操作填写正确，每处 0.5 分	2				

续表

学习环节	一级指标	二级指标	评价说明	配分	自评 ___%	互评 ___%	师评 ___%	评价指标
实施计划	标准滴定溶液标定	分光光度计操作	分光光度计操作注意事项书写准确，不准或漏项每项扣1分，直至扣完	5				岗位责任意识 沟通表达能力
			规范使用分光光度计，操作步骤不正确每次扣0.5分，顺序不正确扣2分，直至扣完	3				
	检测原始记录单	检测原始记录单填写内容准确、规范，结果计算与表示符合标准要求	内容填写准确，不准或漏项每处扣0.5分； 有涂改、划痕每处扣1分，直至扣完，共计2.5分； 计算正确，得0.5分，计算错误此模块0分； 有效数字修约正确，得0.5分； 空白试验符合检测要求，得0.5分； 精密度，平行样偏差小于10%，得0.5分； 准确度，质控样合格，得0.5分	5				
	6S管理	规范整理实验室台面	蒸馏装置按规范要求拆卸、清洗干净并归还得1分； 容量瓶、吸量管、分液漏斗等玻璃仪器清洗干净并归还得1分； 比色皿清洗干净归还得1分； 分光光度计清洁、干净得1分	4				安全意识 环保意识 规范意识

续表

学习环节	一级指标	二级指标	评价说明	配分	自评 ____%	互评 ____%	师评 ____%	评价指标
实施计划	安全环保	废物处理规范	废物处理符合国家标准要求	2				安全意识 环保意识 规范意识
			废物处理方式填写正确	2				
	数据处理	有效数字修约准确	根据有效数字修约规则，准确判别结果，每判断正确一个得 1 分，原因解释清楚得 1 分	4				专业能力
		可疑数据判别准确	*Q* 检验步骤完整，不准或漏项每处扣 0.5 分； 每步的计算准确，每计算准确一步得 0.5 分	6				
合计				200				

<table>
<tr><td>请你根据上述评价表的得分情况，从职业道德、专业知识、技术技能等职业综合素质和行动能力方面进行评述，分析自己的优势和不足，并对不足之处提出改进措施。</td></tr>
<tr><td>备注：</td></tr>
</table>

学习环节四　验收交付

1. 能依据任务委托书、原始记录等技术记录，出具检测报告；
2. 培养爱岗敬业的劳模精神、诚实劳动的劳动精神。

建议学时：4

1. 查阅《钢铁工业水污染物排放标准》（GB 13456—2012），回答以下问题。

（1）国家排放标准中对于工业废水，其挥发酚的排放浓度上限是多少？

（2）钢铁厂排放污水中酚的排放标准限值：本次任务中挥发酚检测结果（□符合 □不符合）标准要求。

2. 检测结束后，交接文件较多，请各位同学梳理相关内容，并回答下列问题。

（1）原始记录可以先用草稿纸记录，再整齐地抄写在记录本上。（　　）

（2）检验报告必须有检验者、复核者、批准者三级签字才有效。（　　）

（3）检测报告送达客户后，留存的报告副本，需要同委托单、监测方案、采样原始记录、流转单、检测任务下达单、检测原始记录、报告审核记录等记录交给管理员进行归档。（　　）

（4）检测报告和原始记录保存期不少于 6 个月。（　　）

3. 填写本次任务检测报告，并按要求签字。

分析测试中心

检 测 报 告 书

检品名称：________________

委托单位：________________

报告日期 年 月 日

分析测试中心

检测报告

报告编号：GHJC-JCBG-2022-004　　　　第　页共　页

委托编号	GHJC-WT-2022-004	检测日期	
委托单位		采样日期	
受检单位		检测项目	
受检地址			
检测依据/检测方法			
检测仪器/编号			
受检设备信息			
检测位置		环境条件	
检测结果			
检测项目	计量单位	数值	
挥发酚			
备注：			

编制：　　　　　　　　审核：

批准：　　　　　　　　签发日期：　　年　　月　　日

注意：报告书包括封面、首页、正文（附页）、封底，并盖有计量认证章、检测章和骑缝章。

参考性评价

学习环节	一级指标	二级指标	评价说明	配分	自评 ____%	互评 ____%	师评 ____%	评价指标
验收交付	结果判定	挥发酚排放限值准确	工业废水中挥发酚排放上限准确	10				专业能力
		判定水质是否符合要求	准确判断检测结果是否符合标准限值	10				
	技术记录移交	技术记录移交选择正确	技术记录移交选择正确，每题5分	20				
	检测报告书写	检测报告符合 CMA 要求	检测报告内容来自移交的技术记录，有更改、捏造不得分； 有涂改、划痕每处扣1分，直至扣完	30				
		检测报告审核程序正确	三级审核程序正确	10				
		检测报告份数正确	检测报告份数正确	8				
		技术记录归档符合要求	检测报告副本、委托单、监测方案、采样原始记录、任务下达单、检测原始记录交给管理员归档，每归档一项得2分	12				
合计				100				

请你根据上述评价表的得分情况，从职业道德、专业知识、技术技能等职业综合素质和行动能力方面进行评述，分析自己的优势和不足，并对不足之处提出改进措施。
备注：

学习环节五　总结拓展

1. 能对任务成本进行核算，提升成本控制理念；
2. 能写出工业废水中挥发酚样品在采集与测定中的关键技术点；
3. 能整理出采集与测定过程中的问题并提出解决方案；
4. 能小组合作制定地表水中挥发酚的测定方案；
5. 通过小组讨论，提升沟通表达、团队合作、自我展示的能力。

建议学时：4

一、总结

1. 请小组讨论，回顾整个任务的工作过程，罗列出所使用的试剂耗材，并参考库房管理员提供的价格清单，对本次任务的单个样品使用耗材进行成本核算，填写表 4-5-1。

表 4-5-1　　成本核算表

序号	试剂名称	规格	单价（元）	使用量	成本（元）
1					
2					
3					
4					
5					
6					
7					
8					
9					
10					
合计					

2. 工作中，除了试剂耗材成本以外，还有哪些成本？请小组讨论，列出至少3条，并写出如何有效地在保证质量的基础上控制成本。

3. 通过本次任务的实践，总结出工业废水中挥发酚样品采集和检测的主要操作步骤及关键点，填写表4-5-2。

表4-5-2 主要操作步骤及关键点汇总表

序号	主要操作步骤	关键点

二、拓展

请查阅相关资料，小组合作制定地表水中挥发酚类含量测定方案，并进行展示（主要包括实验所有仪器设备和试剂的配备，水样的采集及检测步骤，注意事项等内容）。

方案名称：________________________________

一、任务目标及依据（概括说明本次任务要达到的目标及依据的标准）

二、工作内容安排（列出工作流程、工作要求、仪器设备和试剂、人员及时间安排等）

工作流程	工作要求	仪器设备和试剂	人员	时间安排

三、验收标准（本次任务最终的验收相关标准）

四、安全注意事项及防护措施（对工作过程中安全注意事项及防护措施、废物处理等进行说明）

参考性评价

学习环节	一级指标	二级指标	评价说明	配分	自评 ___%	互评 ___%	师评 ___%	评价指标
总结拓展	成本核算	成本核算准确	试剂耗材成本核算准确，不准或漏项每处扣1分，直至扣完	20				综合职业能力 思政目标
			其他成本核算准确，得3分，不准或漏项每处扣1分，直至扣完； 在保证质量的基础上控制成本措施可行，得7分	10				
	主要操作步骤和关键点总结	主要操作步骤和关键点总结准确	主要操作步骤和关键点总结准确，不准或漏项每处扣3分，直至扣完	30				
	地表水中挥发酚的测定计划	地表水中挥发酚的测定计划符合标准要求	操作步骤符合标准及任务要求，不准或漏项每处扣2分，顺序错误每处扣4分，直至扣完； 关键点提取准确，不准或漏项每处扣3分，直至扣完	40				
合计				100				

请你根据上述评价表的得分情况，从职业道德、专业知识、技术技能等职业综合素质和行动能力方面进行评述，分析自己的优势和不足，并对不足之处提出改进措施。
备注：

知识链接

1. **工业废水**

（1）基本概念

工业废水是指工业生产过程中产生的废水和废液，包含随水流失的工业生产用料、中间产物、副产品以及生产过程中产生的污染物。工业废水种类繁多，成分复杂。例如，重金属冶炼工业废水含铅、镉等各种金属，电镀工业废水含氰化物和铬，石油炼制工业废水含酚，电解盐工业废水含汞，农药制造工业废水含各种农药等。由于工业废水中常含有多种有毒物质，污染环境，对人类健康有很大危害，因此要综合开发利用，化害为利，并根据废水中污染物成分和浓度，采取相应的净化措施进行处置后，才可排放。

（2）特点

1）工业废水的水质和水量因生产工艺和生产方式的不同而差别很大。如电力、矿山等部门的废水主要含无机污染物，而造纸和食品等工业部门的废水，有机物含量很高，BOD_5（五日生化需氧量）常超过 2 000 mg/L，有的达 30 000 mg/L。即使同一生产工序，生产过程中水质也会有很大变化，如氧气顶吹转炉炼钢，同一炉钢的不同冶炼阶段，废水的 pH 值为 4~13，悬浮物含量为 250~25 000 mg/L。

2）工业废水除间接冷却水外，都含有多种同原材料有关的物质，而且在废水中的存在形态往往各不相同。如氟在玻璃工业废水和电镀废水中一般呈氟化氢（HF）或氟离子（F^-）形态，而在磷肥厂废水中是以四氟化硅（SiF_4）的形态存在；镍在废水中可呈离子态或络合态。这些特点增加了废水净化的困难。

3）工业废水的水量取决于用水情况。冶金、造纸、石油化工、电力等工业用水量大，废水量也大，如有的炼钢厂炼 1 t 钢出废水 200~250 t。但各工厂的实际外排废水量还同水的循环使用率有关。例如，循环率高的钢铁厂，炼 1 t 钢外排废水量只有 2 t 左右。

2. **钢铁生产工艺流程及其废水特点**

（1）钢铁生产工艺流程

钢铁生产工艺主要包括炼铁、炼钢、连铸、轧钢等流程。

1）炼铁就是把烧结矿和块矿中的铁还原出来的过程。焦炭、烧结矿、块矿连同少量的石灰石一起送入高炉中冶炼成液态生铁（铁水），然后送往炼钢厂作为炼钢的原料。

2）炼钢是把原料（铁水和废钢等）里过多的碳及硫、磷等杂质去掉并加入适量的合金成分。

3）连铸是将钢水经中间罐连续注入用水冷却的结晶器里，凝成坯壳后，从结晶器以稳定的速度拉出，再经喷水冷却，待全部凝固后，切成指定长度的连铸坯。

4）轧钢是将连铸出来的钢锭和连铸坯以热轧方式在不同的轧钢机中轧制成各类钢材，形成产品。

（2）钢铁冶炼废水的特点及治理发展方向

钢铁冶炼废水的主要特点是水量大、种类多、水质复杂多变。按废水来源和特点分类，主要有冷却水、酸洗废水、洗涤废水（除尘、煤气或烟气）、冲渣废水、炼焦废水以及由生产中凝结、分离或溢出的废水等。

钢铁冶炼废水的治理发展方向：

1）发展和采用不用水或少用水及无污染或少污染的新工艺、新技术，如用干法熄焦，炼焦煤预热，直接从焦炉煤气脱硫脱氰等。

2）发展综合利用技术，如从废水废气中回收有用物质和热能，减少物料燃料流失。

3）根据不同水质要求，综合平衡，串流使用，同时改进水质稳定措施，不断提高水的循环利用率。

4）发展适合钢铁冶炼废水特点的新处理工艺和新技术，如用磁分离技术处理钢铁冶炼废水具有效率高、占地少、操作管理方便等优点。

3. **挥发酚**

（1）定义

挥发酚是指沸点在230 ℃以下，能与水蒸气一起蒸出的酚类物质，如苯酚、甲酚、二甲酚。其主要污染源为煤气洗涤、炼焦、合成氨、造纸、木材防腐和化工行业的工业废水。

（2）主要来源

含酚废水主要来自焦化厂、煤气厂、石油化工厂、绝缘材料厂等工业部门以及石油裂解制乙烯、合成苯酚、聚酰胺纤维、合成染料、有机农药和酚醛树脂生产过程。

（3）生态影响

含酚废水中的酚基化合物是一种原生质毒物，可使蛋白质凝固。水中酚的质量浓度达到0.1~0.2 mg/L时，鱼肉即有异味，不能食用；质量浓度增加到1 mg/L，会影响鱼类产卵；含酚5~10 mg/L，鱼类就会大量死亡。饮用水中含酚能影响人体健康，即使水中含酚质量浓度只有 0.002 mg/L，用氯消毒也会产生氯酚恶臭。

（4）分类及治理

通常将质量浓度为 1 000 mg/L 的含酚废水，称为高浓度含酚废水，这种废水须回收酚后，再进行处理。质量浓度小于 1 000 mg/L 的含酚废水，称为低浓度含酚废水，通常将这类废水循环使用，将酚浓缩回收后处理。回收酚的方法有溶剂萃取法、蒸汽吹脱法、吸附法、封闭循环法等。含酚质量浓度在 300 mg/L 以下的废水可用生物氧化、化学氧化、物理化学氧化等方法进行处理后排放或回收。

4. 蒸馏

本次任务需要检测的项目是挥发酚，它是指随水蒸气蒸馏出，并能和 4—氨基安替比林反应生成有色化合物的挥发性酚类化合物，结果以苯酚计。

（1）定义

蒸馏是一种热力学的分离工艺，它是利用混合液体或液—固体系中各组分沸点不同，使低沸点组分蒸发，再冷凝以分离整个组分的单元操作过程，是蒸发和冷凝两种单元操作的联合。

（2）原理

液体的分子由于分子运动有从表面逸出的倾向，这种倾向随着温度的升高而增大，即液体在一定温度下具有一定的蒸气压，当其温度达到沸点时，即液体的蒸气压等于外压时（达到饱和蒸气压），就有大量气泡从液体内部逸出，即液体沸腾。一种物质在不同温度下的饱和蒸气压变化是蒸馏分离的基础。很明显，蒸馏可将易挥发和不易挥发的物质分离开，也可将沸点不同的液体混合物分离开。液体混合物各组分的沸点必须相差很大，至少 30 ℃以上才能达到较好的分离效果。

纯粹的液体有机化合物在一定压力下具有一定的沸点。但由于有机化合物常和其他组分形成二元或三元共沸混合物（或恒沸混合物），它们也有一定的沸点（高于或低于其中的每一组分）。因此具有固定沸点的液体不一定都是纯粹的化合物。一般不纯物质的沸点取决于杂质的物理性质以及它和纯物质间的相互作用：假如杂质是不挥发的，溶液的沸点比纯物质的沸点略有提高，但在蒸馏时，实际上测量的并不是溶液的沸点，而是逸出蒸气与其冷凝液平衡时的温度，即是馏出液的沸点而不是瓶中蒸馏液的沸点；若杂质是挥发性的，则蒸馏时液体的沸点会逐渐上升；或者由于组成了共沸混合物，在蒸馏过程中温度可保持不变，停留在某一范围内。

5. 蒸馏装置的组成

常压蒸馏装置主要由蒸馏烧瓶、蒸馏头、温度计套管、温度计、冷凝管、接液管和接收瓶等组成。蒸馏液体沸点在 140 ℃以下时，用直形冷凝管；蒸馏液体沸点在 140 ℃以上时，由于用水冷凝管温差大，冷凝管容易爆裂，故应改用空气冷凝管。蒸馏易吸潮的液体时，在接液管的支管处应连一干燥管；蒸馏易燃的液体时，在接液管的支管处接一胶管通入水槽，并将接收瓶在冰水浴中冷却。

6. 含酚废水所用的固定剂及其作用

为了抑制微生物对酚类的生物氧化作用，在含酚废水的样品采集以后，应及时加磷酸酸化至 pH 约为 4.0，并加适量硫酸铜，使样品中硫酸铜质量浓度约为 1 g/L。

7. 磷酸

磷酸是无色透明或略带浅色稠状液体，纯磷酸为无色结晶，无臭，具有酸味。与水混溶，可混溶于乙醇。具有腐蚀性，不慎与眼睛接触后，应立即用大量清水冲洗并征询医生意见。若发生事故或感不适，立即就医（可能的话，出示其标签）。

8. 含酚废水水样中干扰物质的去除

用蒸馏法使挥发性酚类化合物蒸馏出，并与干扰物质和固定剂分离。

当水样中含氧化剂、油、硫化物等干扰物质时，应在蒸馏前先做适当的预处理，对干扰物质进行排除。

（1）氧化剂（如游离氯）

当水样经酸化后滴于碘化钾一淀粉试纸上出现蓝色时，说明存在氧化剂。遇此情况，可加入过量的硫酸亚铁去除。

（2）硫化物

当样品中有黑色沉淀时，可取一滴样品放在乙酸铅试纸上，若试纸变黑色，说明有硫化物存在。水样中含少量硫化物时，用磷酸把水样 pH 调至 4.0（用甲基橙或 pH 计指示），加入适量硫酸铜（1 g/L）使之生成硫化铜并去除。当含量较高时，则应用磷酸酸化水样置于通风柜内进行搅拌曝气，使其生成硫化氢逸出。

（3）油类

将水样移入分液漏斗中，静置分离出浮油后，加粒状氢氧化钠调节 pH 至 12.0~12.5。用四氯化碳萃取（每升样品用 40 mL 四氯化碳萃取两次），弃去四氯化碳层，萃取后的水样移入烧杯中，在通风柜中于水浴上加温以除去残留的四氯化碳，用磷酸调节 pH 至 4.0。当石油类浓度较高时，用正己烷处理较四氯化碳为佳。

（4）甲醛、亚硫酸盐等有机或无机还原性物质

可分取适量水样于分液漏斗中，加硫酸溶液使水样呈酸性，分次加入 50 mL、30 mL、30 mL 乙醚或二氯甲烷萃取酚，合并二氯甲烷或乙醚层于另一分液漏斗中，分次加入 4 mL、3 mL、3 mL 质量分数 10%的氢氧化钠溶液进行反萃取，使酚类转入氢氧化钠溶液中。合并碱萃取液，移入烧杯中，置于水浴上加热，以除去残余萃取溶剂，然后用水将碱萃取液稀释至原分取水样的体积。同时用水做空白试验。

注意，乙醚为低沸点、易燃和具麻醉作用的有机溶剂，使用时要小心，周围应无

明火，并在通风柜内操作。室温较高时，水样和乙醚应先置于冰水浴中降温后，再进行萃取操作，每次萃取应尽快完成。废液需要回收由专门部门统一处理。

（5）芳香胺类

芳香胺类亦可与4—氨基安替比林产生显色反应，使结果偏高。可在 pH<0.5 的介质中蒸馏，以减小其干扰。

9. **乙醚**

乙醚属于管制品类（易制毒化学品品种名录　第二类），无色、易挥发的流动液体，有芳香气味，具有吸湿性，味甜。溶于乙醇、苯、氯仿及石油，微溶于水。极易燃，可能生成爆炸性过氧化物，吞食有害，长期接触可能引起皮肤干裂，蒸气可能引起困倦和眩晕。使用时需注意远离火源，切勿倒入下水道，预防静电发生，保持容器置于良好通风处。

10. **三氯甲烷**

三氯甲烷属于管制品类（易制毒化学品品种名录　第二类），无色透明、高折射率、易挥发的液体，有特殊香甜气味。与乙醇、乙醚、苯、石油醚、四氯化碳、二硫化碳和挥发油等混溶，微溶于水（25 ℃时 1 mL 溶于约 200 mL 水）。该产品吞食有害，刺激皮肤，可能有致癌后果，使用时需注意穿戴适当的防护服和手套。

11. **4—氨基安替比林**

4—氨基安替比林刺激眼睛、呼吸系统和皮肤。不慎与眼睛接触后，应立即用大量清水冲洗并征询医生意见。穿戴适当的防护服、手套和护目镜或面具。

12. **4—氨基安替比林的提纯要求**

4—氨基安替比林溶液必须经过提纯，测定空白吸光度，应不超过 0.08。

13. **蒸馏装置的安装**

蒸馏装置的安装顺序一般是自下而上，从左到右，并保证蒸馏装置中的接收器部分离水池较近，即靠近水池。整个装置仪器的轴线应在一个平面上，且与实验台桌边平行。

安装步骤：先从热源开始，在铁架台上放好电炉，再根据电炉的高低依次安装铁圈、石棉网（或水浴、油浴等），然后安装蒸馏瓶（即烧瓶）、蒸馏头、温度计。注意瓶底应距石棉网 1~2 mm，不要触及石棉网；用水浴或油浴时，瓶底应距水浴（或油浴）锅底 1~2 cm。蒸馏瓶用铁夹垂直夹好。安装冷凝管时，用合适的橡皮管连接冷凝管，调整位置使其与已装好的蒸馏瓶高度相适应并与蒸馏头的侧管同轴，然后松开固定冷凝管的万能夹，使冷凝管沿此轴移动与蒸馏瓶连接。铁夹不应夹得太紧或太松，以夹住后稍用力尚能转动为宜。在冷凝管尾部通过接液管连接接收瓶（用锥形瓶或圆底烧瓶）。正式接收馏液的接收瓶应事先称重并做记录。注意，夹铁夹的十字头的螺口要向上，夹子上的旋把也要向上，以便于操作。

安装时，烧瓶夹与冷凝管夹应分别夹在烧瓶的瓶颈口以及冷凝管的中部。温度计水银球的上限应和蒸馏头侧管的下限在同一水平线上。蒸馏头与冷凝管连接成卧式，冷凝管的下口与接液管连接。冷凝水应从冷凝管的下口流入，上口流出，以保证冷凝管中始终充满水。

14. 蒸馏操作

(1) 加料

根据蒸馏物的量，选择大小合适的蒸馏瓶，蒸馏液体一般不要超过蒸馏瓶容积的 2/3，也不要少于 1/3。将液体小心倒入蒸馏瓶（或用漏斗），加入 1~2 粒玻璃珠，安好装置。因为烧瓶的内表面很光滑，容易发生过热而突然沸腾，致使蒸馏不能顺利进行。当添加新的玻璃珠时，必须等烧瓶内的液体冷却到室温以后才可加入，否则有发生急剧沸腾的危险。

(2) 加热

根据被蒸馏液体的沸点选择加热装置，被蒸馏液体的沸点在 80 ℃以下时，用热水浴加热；液体沸点在 100 ℃以上时，在石棉网上用简易空气浴或者用油浴加热；液体温度在 200 ℃以上时，用砂浴、空气浴及电热套等加热。

(3) 冷凝回流

用水冷凝管时，先由冷凝管下口缓缓通入冷水，自上口流出引至水槽中，然后就可以加热了。当蒸馏瓶中的物质开始沸腾时，温度急剧上升。当温度上升到被蒸馏物质沸点上下 1 ℃时，将加热强度调节到每秒钟流出 1~2 滴的速度。在整个蒸馏过程中，应使温度计水银球上常有被冷凝的液滴。此时的温度即为液体与蒸气平衡时的温度。温度计的读数就是液体（馏出液）的沸点。蒸馏时加热的火焰不能太大，否则会在蒸馏瓶的颈部造成过热现象，使一部分液体的蒸气直接受到火焰的热量，这样由温度计读得的沸点会偏高；另外，蒸馏也不能进行得太慢，否则由于温度计的水银球不能被馏出液蒸气充分浸润而使温度计上所读得的沸点偏低或不规则。

(4) 收集馏分

进行蒸馏前，至少要准备两个接收瓶。因为在达到预期物质的沸点之前，带有沸点较低的液体先蒸出。这部分馏液称为“前馏分”或“馏头”。前馏分蒸完，温度趋于稳定后，蒸出的就是较纯的物质，这时应更换一个洁净干燥的接收瓶接收，记下这部分液体开始馏出时和最后一滴时温度计的读数，即该馏分的沸程（沸点范围）。一般液体中或多或少含有一些高沸点杂质，在所需要的馏分蒸完后，若再继续升高加热温度，温度计的读数会显著升高，若维持原来的加热强度，就不会有馏液蒸出，温度会下降。这时就应停止蒸馏。

蒸馏完毕，先应灭火，然后停止通水，拆下仪器。拆除仪器的顺序和装配的顺序相反，先取下接收瓶，然后拆下接液管、冷凝管、蒸馏头和蒸馏瓶等。

(5) 注意事项

蒸馏装置的质量直接影响测定结果，并会造成安全事故，因此在搭建蒸馏装置时需要注意以下事项。

1) 为防止橡胶材料中的酚对测定产生干扰，不得用橡胶塞、橡胶管连接蒸馏瓶及冷凝器，应用硅胶管，下端是进水口，上端是出水口。

2) 蒸馏过程中，加无酚水，以免导致检测结果偏高。

3) 蒸馏过程中，加数粒玻璃珠以防暴沸。

4) 蒸馏过程中，若发现甲基橙红色褪去，应在蒸馏结束后，放冷，再加 1 滴甲基橙指示液。若发现蒸馏后残液不呈酸性，则应重新取样，增加磷酸溶液加入量，进行蒸馏。

5) 蒸馏结束后，应先断开连接，再停止加热，防止溶液倒吸。

6) 控制好加热温度。如果采用加热浴（油浴），加热浴的温度应当比蒸馏液体的沸点高出若干度，否则难以将被蒸馏物蒸馏出来。加热浴温度比蒸馏液体沸点高出越多，蒸馏速度越快。但是，加热浴的温度也不能过高，否则会导致蒸馏瓶和冷凝器上部的蒸气压超过大气压，有可能发生事故，特别是在蒸馏低沸点物质时尤其需要注意。一般地，加热浴的温度不能比蒸馏物质的沸点高出 30 ℃。整个蒸馏过程要随时添加浴液，以保持浴液液面超过瓶中的液面至少 1 cm。

7) 蒸馏高沸点物质时，由于易被冷凝，往往蒸气未到达蒸馏烧瓶的侧管处即已经被冷凝而滴回蒸馏瓶中。因此，应选用短颈蒸馏瓶或者采取其他保温措施等，保证蒸馏顺利进行。

8) 蒸馏之前，必须了解被蒸馏的物质及其杂质的沸点和饱和蒸气压，以决定何时（即在什么温度时）收集馏分。

9) 蒸馏烧瓶应当采用圆底烧瓶。

15. 萃取过程的注意事项

(1) 干扰消除和萃取过程中会用到乙醚、三氯甲烷等易制毒危险化学品，同时可能产生硫化氢等有毒气体，干扰消除和萃取操作在通风处进行，操作人员做好自身的安全防护工作。

(2) 剧烈振荡后，需倒置放气，静置分层，注意放气时不能对着人，萃取操作在通风橱进行。

(3) 用干脱脂棉或滤纸拭干分液漏斗颈管内壁水分，避免水分进入三氯甲烷提取液中。

16. 测定结果评价

作为分析人员，不仅需要测定样品各组分的含量，还要会判断测定结果是否可靠。测定结果的评价，一般从精密度和准确度两个方面进行。精密度表示多次测定结果之间相互接近的程度，即测定结果的重复性，以平均值为衡量标准，只与偶然误差有关，常采用极差、相对极差表示，也可以用平均偏差、相对平均偏差或标准偏差表示。准确度表示测定结果与真实值相接近的程度，即测定结果的正确性，以真实值为衡量标准，由系统误差和偶然误差决定，以绝对误差或相对误差表示。测定结果可靠的前提是精密度高，但精密度高不一定准确度高。工业分析国家标准一般会标注该项目测定结果的精密度和准确度要求，如果测定结果超出允许误差范围，则需要重新测定。

17. 分析数据离群值的取舍

离群值（outlier），也称逸出值，是指在数据中有一个或几个数值与其他数值相比差异较大。肖维勒准则规定，如果一个数值偏离观测平均值的概率小于或等于 1/（2*n*），则该数据应当舍弃（其中 *n* 为观察例数，概率可以根据数据的分布进行估计）。

离群值的产生原因大致有以下两点。

（1）总体固有变异的极端表现，这是真实而正常的数据，只是在这次实验中表现得有些极端，这类离群值与其余观测值属于同一总体。

（2）由于试验条件和实验方法的偶然性，或观测、记录、计算时的失误所产生的结果，是一种非正常的、错误的数据，这些数据与其余观测值不属于同一总体。

当出现离群值的时候，要慎重处理，要将专业知识和统计学方法结合起来，首先应认真检查原始数据，看能否从专业上加以合理的解释，如数据存在逻辑错误而原始记录又确实如此，又无法在找到该观察对象进行核实，则只能将该观测值删除。在更多的情况下标准偏差是未知的，只能利用待检验的一组分析数据本身来检验其中的离群值是否应该保留或舍弃。常用的方法有拉依达法、*Q* 检验法、肖维勒法、格鲁布斯法、*t* 检验法、极差法等。

18. *Q* 检验法

（1）定义

Q 检验法又称舍弃商法，是迪克森（W. J. Dixon）在 1951 年专为分析化学中少量观测次数（$n<10$）提出的一种简易判据式。

Q 检验法按以下步骤来确定可疑离群值的取舍：

1）将各数据按递增顺序排列：X_1，X_2，X_3，…，X_{n-1}，X_n。

2）求出最大值与最小值的差值（极差）$X_{max}-X_{min}$。

3）求出可疑值与其最相邻数据之间的差值的绝对值。

4）求出 *Q* [*Q* 等于 3）中的差值除以 2）中的极差]。

5）根据测定次数 n 和要求的置信水平（如 95%），查下表得到 $Q_{表}$ 值。

6）判断：若计算 $Q>Q_{表}$，则舍去可疑值，否则应予保留。

测定次数 n	Q（90%）	Q（95%）	Q（99%）
3	0.90	0.97	0.99
4	0.76	0.84	0.93
5	0.64	0.73	0.82
6	0.56	0.64	0.74
7	0.51	0.59	0.68
8	0.47	0.54	0.63
9	0.44	0.51	0.60
10	0.41	0.49	0.57

（2）特点

Q 检验法考虑了置信度的因素，概率意义明确，使所得结果更为科学合理。该方法的优点是方法简便，当测定次数较少时，如 3~5 次测定，Q 检验法拒绝接受的只是偏差很大的测定值，将非异常值判定为异常值的概率很小，但同时把异常值判断为非异常值的可能性较大。

（3）举例

现场仪器在同一点上 4 次测出：0.101 4，0.101 2，0.102 5，0.101 6，其中 0.102 5 与其他数值差距较大，是否应该舍去？

根据 Q 检验法：

1）对数据进行从小到大排列：0.101 2，0.101 4，0.101 6，0.102 5。

2）求出最大值与最小值的差值 =0.102 5−0.101 2=0.001 3。

3）求出可疑数据与其相邻数值的差值的绝对值 =0.102 5−0.101 6=0.000 9。

4）计算 Q_1=0.000 9/0.001 3=0.692。

5）测试次数为 4，置信水平为 90%时的 Q_2=0.76。

6）由于 Q_1=0.69<Q_2=0.76，认为假设不成立，该数值应保留。

项目总体评价

项次	项目内容	建议权重	综合得分 （各活动加权平均分×权重）	备注
1	接受任务	10%		
2	制订计划	20%		
3	实施计划	45%		
4	验收交付	10%		
5	总结拓展	15%		
合计				教师签字：

请你根据上述评价表的得分情况，从职业道德、专业知识、技术技能等职业综合素质和行动能力方面进行评述，分析自己的优势和不足，描述对不足之处的改进措施。

备注：